网络素养研究

RESEARCH ON NETWORK LITERACY

北京联合大学网络素养教育研究中心　主办

杭孝平　主编

第2辑

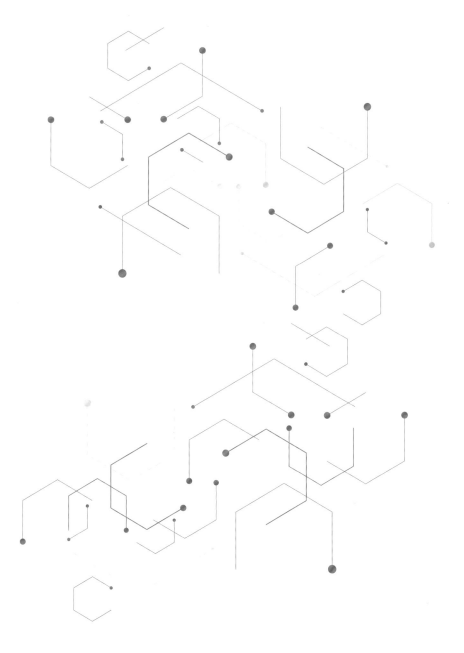

中国国际广播出版社

图书在版编目（CIP）数据

网络素养研究. 第2辑 / 杭孝平主编. —北京：中国国际广播出版社，2023.8
ISBN 978-7-5078-5388-9

Ⅰ.①网… Ⅱ.①杭… Ⅲ.①计算机网络－素质教育－研究
Ⅳ.①TP393

中国国家版本馆CIP数据核字（2023）第151320号

网络素养研究 第2辑

主　　编	杭孝平
责任编辑	霍春霞
校　　对	张　娜
版式设计	邢秀娟
封面设计	赵冰波
出版发行	中国国际广播出版社有限公司 ［010-89508207（传真）］
社　　址	北京市丰台区榴乡路88号石榴中心2号楼1701 邮编：100079
印　　刷	北京启航东方印刷有限公司
开　　本	880×1230　1/16
字　　数	270千字
印　　张	12.25
版　　次	2023 年 8 月　北京第一版
印　　次	2023 年 8 月　第一次印刷
定　　价	58.00 元

主编：杭孝平

　　教授，中国传媒大学新闻学院传播学博士，硕士生导师，中国传媒大学新闻传播学、新媒体视频传播，媒介融合方向博士生导师组成员。北京市优秀教师，北京市长城学者，北京市高等学校青年教学名师，北京市青年拔尖人才，中国网络社会组织联合会未成年人网络保护专业委员会副秘书长，北京联合大学百位杰出中青年骨干教师，美国纽约市立大学访问学者，中国人民大学新闻学院高级访问学者，北京市级智库——千龙智库专家，中央广播电视总台节目评审专家，中国传媒大学传媒经济研究所兼职研究员。曾赴美国、德国、英国、韩国、日本等多个国家进行学习和交流。现任北京联合大学新闻传播学科带头人、新闻与传播硕士专业学位授权点负责人、北京联合大学网络素养教育研究中心主任、《网络素养研究》主编。主要研究领域为网络素养、新媒介技术、网络舆情等。

副主编：吴惠凡

    北京联合大学应用文理学院副教授，硕士生导师，北京联合大学网络素养教育研究中心副主任，北京市青年拔尖人才，千龙智库专家。主持多项国家级、省部级课题，出版多部学术专著和规划教材，参编、参译多部著作，在国内外核心学术期刊和学术会议发表论文数十篇，并被《人大复印报刊资料》等全文转载。

CONTENTS 目录

未成年人网络保护专业委员会专栏

001 认知行为理论框架下的青少年网络素养现状与对策分析 / 方增泉 祁雪晶 元 英 秦 月

027 数字时代未成年人网络素养的现状、挑战与应对 / 季为民 王 颖

035 未成年人网络素养课程教材设计与教学建议
　　　　——以广东省地方课程"网络素养"教材为例 / 张海波

048 "崇法善治 E路护苗"
　　　　——中国网络社会组织联合会未成年人网络保护专业委员会成立一年综述 / 焦旭辉

054 未成年人网络保护研讨会综述 / 任 静

网络素养主题研究

062 异化与回归：自媒体短视频时代的青少年网络素养建设 / 田维钢 杨 柳

070 老年群体网络素养提升路径探究 / 庞 亮 王伟鲜

076 "玩中学"：北京市中学生网络游戏素养现状调查 / 高胤丰 杜 雅

084 北京市通州区初中生网络素养现状研究 / 赵金胜 杭孝平

106 新媒体时代下银发群体网络素养教育研究 / 杜怡瑶

网络舆情与受众行为研究

114 老年网民在线接触健康讲座的现状与对策 / 王卫明 李婷玉 王熙远

125 网络谣言学术场域的知识图谱与进展述评
　　　　——基于中文社会科学引文索引（CSSCI）文献分析 / 李 黎 雷 蕾

145 互联网社群中的情感传播机制研究
　　　　——基于互动仪式链的视角 / 诸葛达维

时代前沿

154　数字移民的困境：抖音平台"奶奶带娃"污名化现象研究 / 安利利　王晶莹

169　社会原子化视角下青年群体集体意识的培育探析 / 闫兴昌　曹银忠

175　"数字茶馆"：参与式媒体的空间实践探析 / 陈　戈　谢　臻

181　数字社区发展困境及对策研究

　　　　　——基于社区工作人员数字素养视角 / 祖里亚尔·阿不来提

189　征稿启事

认知行为理论框架下的青少年网络素养现状与对策分析*

方增泉　祁雪晶　元　英　秦　月

[摘要] 中国青少年已成为我国网民的重要组成部分。然而，青少年在享受网络带来的乐趣的同时也面临着诸多风险，提升青少年网络素养对于青少年自身的成长以及文明的网络生态建设十分重要。本研究基于认知行为理论和网络素养的相关研究，首创青少年Sea-ism网络素养框架，将青少年网络素养分为六大模块进行调研，并通过问卷调查的方式得到覆盖19个省市的9000余份有效数据。调查显示，青少年网络素养总体得分不高，网络素养水平处于及格线以上，有待进一步提升。在分析未成年人网络素养现状的基础上，本研究认为，赋权、赋能、赋义是青少年网络素养培育的核心理念，并从个人、家庭、学校三方面提出对策建议，提倡多元主体共同构建未成年人网络素养教育生态系统。

[关键词] 青少年；互联网；网络素养；认知行为理论

《2021年全国未成年人互联网使用情况研究报告》显示，2021年我国未成年人互联网普及率达96.8%。中国互联网络信息中心（China Internet Network Information Center，简称CNNIC）发布的第51次《中国互联网络发展状况统计报告》显示，截至2022年12月，我国网民规模达10.67亿，其中10—19岁群体占比为14.3%，在网民年龄结构占比中位列第四。

互联网作为当代青少年重要的学习、社交、娱乐工具，在其成长过程中发挥的积极作用日益凸显。然而，由于青少年的认知和行为正处于发展、成熟阶段，心智尚未成熟，社会经验不足，是非判断能力较弱，对各种外界诱惑的抵御力不强，他们对各种复杂的互联网信息缺乏辨别能力，在接

* 本文系2018年度教育部人文社会科学研究专项任务项目"高校思想政治工作"（项目批准号：18JDSZ3026）的阶段性研究成果；中央高校基本科研业务费专项资金资助项目"智媒时代大学生网络素养模型构建及提升路径研究"（项目批准号：310422120）的阶段性研究成果。

触、使用媒介，享受数字生活带来的快乐和便利的同时也面临着注意力缺失、信息焦虑、数字压力、网络成瘾、隐私安全等诸多潜在风险。认识青少年的网络素养水平、重视青少年的网络素养培育、着力提升青少年的网络素养是助力青少年健康成长，打造互联网绿色生态的重大举措和创新探索。

一、研究现状

（一）网络素养

1994年，美国学者查尔斯·R.麦克库劳（Charles R. McClure）首先用"网络素养"（Network Literacy）的概念来描述个人"识别、访问并使用网络中的电子信息的能力"。学者萨沃莱宁（Savolainen）从社会认知理论出发，对网络素养进行了系统梳理，提出了"网络能力"（Network Competence）的概念，认为网络能力包含互联网信息资源中的知识、使用工具获取信息的能力、判断信息的相关性的能力、沟通能力四个方面。

如今，在网络持续迭代变化的背景下，个人如何在网络世界中认知网络、使用网络、管理网络等成为网络时代的新课题，基于网络环境的网络素养逐渐受到重视。陈华明、杨旭明从网络使用的技能层面定义网络素养，认为"网络素养是网络用户正确使用和有效利用网络的一种能力，是在与网络的接触与交往中所习得的技巧或能力，是现代人信息化生存的必备能

力"[①]。贝静红在网络使用基础上从个人对网络的认知、批判、管理等综合层面延伸了网络素养的概念，认为网络素养是网络用户在了解网络知识的基础上，正确使用和有效利用网络，理性地使用网络信息为个人发展服务的一种综合能力。[②]喻国明、赵睿继续深度扩展网络素养的概念，提出网络素养应是一种基于媒介素养、数字素养、信息素养，再叠加社会性、交互性、开放性等网络特质，最终构成的相对独立的概念范畴。[③]田丽等人从认知、观念和行为三个层次出发，将网络素养分为信息素养、媒介素养、交往素养、数字素养、公民素养和空间素养等六个方面，认为网络素养包括了网络作为信息工具、媒介、新的生产生活空间所体现的网络知识、态度与行为的反映，同时涵盖网络利用与风险防范两大方面。[④]

随着网络媒介迅速发展，众多研究者开始重视网络素养的实践研究，比如越来越多的教育工作者认识到网络在青少年生活、学习中的重要作用，开始积极尝试将网络与教学结合起来，并探讨网络素养与青少年的关系。张洁指出新媒体对青少年生活方式的重

① 陈华明，杨旭明.信息时代青少年的网络素养教育 [J].新闻界，2004（4）：32.
② 贝静红.大学生网络素养实证研究 [J].中国青年研究，2006（2）：17.
③ 喻国明，赵睿.网络素养：概念演进、基本内涵及养成的操作性逻辑——试论习总书记关于"培育中国好网民"的理论基础 [J].新闻战线，2017（3）：43-46.
④ 田丽，张华麟，李哲哲.学校因素对未成年人网络素养的影响研究 [J].信息资源管理学报，2021，11（4）：122.

塑会引发各式各样的健康问题、心理问题及社交层面的问题[1]，因此培育青少年的网络素养具有重要意义。

结合相关研究与青少年网络使用现状，本研究认为网络素养是人们对网络世界的信息、事件和情境的认知和行为能力，具体包括上网注意力管理能力、网络信息搜索与利用能力、网络信息分析与评价能力、网络印象管理能力、网络安全与隐私保护能力、网络价值认知和行为能力、情感体验和审美能力等。随着网络技术流变、网络文化涵变等时代发展，网络素养概念的内涵和外延不断在丰富和完善。由此，构建并完善青少年网络素养教育体系，需要个人、家庭、学校和社会共同努力，形成育人合力。

（二）认知行为理论

认知行为理论是由认知理论和行为理论整合而来，主要包括认知和行为两方面。其中，社会认知（知识、思维和信念）指的是个人对环境事件的接触，以及对这些事件的意义的建构；个人的行为是为了回应对环境事件的认知意象，比如人们会选择性地注意或解释事件的意义。认知理论与行为理论在各自的实践过程中，不停地互相整合对方的理论，对各自理论的缺陷进行补充和发展。[2]

相比于其他理论，认知行为理论关注并着力于解决个体当下所面临的问题，主张改变个体的认知，从而改变个体的行为与情感；认为个体在治疗过程中是一个学习者，将要掌握必要的知识和技能，提高解决问题的能力[3]；强调认知在解决问题过程中的重要性以及内在认知与外在环境之间的互动，认为外在的行为改变与内在的认知改变都会最终影响个人行为的改变[4]。

认知行为理论主要分为三个方面：问题解决、归因和认知治疗原则。问题解决旨在提高个人界定问题、确立行动目标、制订规划及评估不同行动策略的能力，实现根据各种情况不断调整认知，并从他人的视角思考问题和调整行为的目标。个人对事件发生原因的解释称为归因。认知治疗原则是指修正认知上的某些错误假定，比如过度概括、过度责任、灾难化思维等。

基于认知行为理论和网络素养的相关研究，课题组首创了青少年Sea-ism网络素养框架，将青少年网络素养分为六大模块进行调研：上网注意力管理能力（Online Attention Management），网络信息搜索与利用能力（Ability to Search and Utilize Network Information），网络信息分析与评价能力（Ability to Evaluate Network Information），网络印象管理能力（Ability of Network Impression Management），网络安全与隐私保护能力（Ability of Network Security and Security Protection），网络价值认知

① 张洁.新媒体环境下青少年媒介素养提升刍议［J］.青年记者，2019（25）：22-23.

② 何雪松.社会工作理论［M］.上海：上海人民出版社，2007：59-72.

③ 汪新建.当代西方认知-行为疗法述评［J］.自然辩证法研究，2000（3）：25-29.

④ 全国社会工作者职业水平考试教材编写组.社会工作综合能力（中级）［M］.北京：中国社会出版社，2010：97.

和行为能力（Ability of Internet Morality）。该模型共15个指标，通过79个题项测量。其中，上网注意力管理能力就是青少年对网络信息的选择与接触，倾向于考察青少年在认知方面的网络素养；网络信息搜索与利用能力、网络信息分析与评价能力、网络印象管理能力以及网络安全与隐私保护能力是青少年对网络世界的参与，倾向于考察青少年在行为方面的网络素养；网络价值认知和行为能力则是评价青少年在网络价值观层面的相关认知和在价值观指导下的具体行为。

二、研究方法与信效度检验

通过文献梳理和前测考察，我们把影响青少年网络素养的因素（自变量）划分为个人属性、家庭属性和学校属性三种类型。

（一）研究方法

研究采取问卷调查法，在样本选择上采用整群抽样调查的方式。以34所分布在我国不同省级行政区的中学为样本框，再根据各学校的实际情况，从每一个学校随机抽取初中和高中不同班级的学生，组成本文的实际调查对象。最终样本覆盖19个省、直辖市、自治区，来自初一到高三的六个年级，以确保问卷数据的代表性。本次问卷调查采用纸质版问卷与电子版问卷结合的方式，收回纸质版问卷700份，电子版问卷8637份，共计收回问卷9337份。把收回问卷中有题目未作答及无效样本剔除后，最终确定有效问卷9125份，问卷调查研究的有效率为97.73%。

（二）信效度检验

网络素养整体的克隆巴赫阿尔法系数（Cronbach's Coefficient Alpha）为0.949，大于0.7，信度较好（见表1）。巴特利特球形度检验（Bartlett's Test of Sphericity）的显著性（Sig.）为0.000，小于0.05，因而可以认为相关系数的矩阵与单位矩阵有显著性差异；KMO（取样适切性量数，Kaiser-Meyer-Olkin）的值为0.970，大于0.6，原有的变量具有较好的研究效度（见表2）。网络素养六个主成分累积方差贡献率为55.914%，能较好地代表网络素养（见表3）。

表1　网络素养可靠性分析

维度	克隆巴赫阿尔法系数	项数
网络素养	0.949	80

表2　网络素养的KMO和巴特利特球形度检验

KMO		0.970
巴特利特球形度检验	近似卡方	528440.690
	自由度	3081
	显著性	0.000

表3　网络素养主成分分析

总方差解释						
主成分	初始特征值			提取载荷平方和		
	总计	方差（%）	累积（%）	总计	方差（%）	累积（%）
1	21.973	27.466	27.466	21.973	27.466	27.466
2	11.094	13.868	41.334	11.094	13.868	41.334
3	4.116	5.145	46.479	4.116	5.145	46.479
4	3.206	4.007	50.486	3.206	4.007	50.486
5	2.300	2.875	53.361	2.300	2.875	53.361
6	2.042	2.553	55.914	2.042	2.553	55.914

三、青少年网络素养现状

（一）总体得分情况

调查显示（见图1），青少年网络素养平均得分为3.57分（满分5分），略高于及格线，有待进一步提升。其中，网络价值认知和行为能力的平均得分最高（3.93分），网络印象管理能力的平均得分最低（3.03分）。

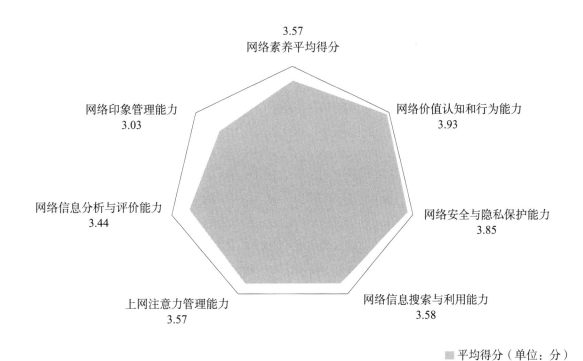

图1　总体得分情况

（二）个人、家庭、学校的影响——回归模型

回归模型显示，个人属性中的性别、成绩、户口类型、地区、每天平均上网时长、网络技能熟练度，家庭属性中的母亲学历、家庭收入水平、与父母讨论网络内容的频率、与父母的亲密程度、父母干预上网活动的频率，学校属性中的在网络素养类课程中的收获程度、与同学讨论网络内容的频率、学校有无移动设备管理规定以及上课使用手机的频率，对青少年网络素养有显著影响。

表4　青少年综合网络素养回归模型

	模型1	模型2	模型3
性别	0.043***	0.037***	0.040***
年级	−0.013	−0.007	−0.011
成绩	0.150***	0.122***	0.111***
户口类型	−0.125***	−0.088***	−0.076***
地区	−0.066***	−0.040***	−0.039***
每天平均上网时长	−0.050***	−0.044**	−0.032***
网络技能熟练度	0.243***	0.223***	0.200***
父亲学历		0.009	0.019
母亲学历		0.038*	0.039***
家庭收入水平		0.067***	0.063***
与父母讨论网络内容的频率		0.064*	0.023**
与父母的亲密程度		0.106***	0.075***
父母干预上网活动的频率		−0.050***	−0.068***
在网络素养类课程中的收获程度			0.148***
与同学讨论网络内容的频率			0.089***
学校有无移动设备管理规定			−0.037***
上课使用手机的频率			−0.049***
相关指数（R^2） 显著性	调整后的相关指数为12.0% 显著性为0.000	调整后的相关指数为15.1% 显著性为0.000	调整后的相关指数为18.0% 显著性为0.000

注：*前数字为标准化回归系数Beta，系数为正则为正相关，系数为负则为负相关；*代表p值小于0.05，即在0.05的水平显著相关；**代表p值小于0.01，即在0.01的水平显著相关；***代表p值小于0.001，即在0.001的水平显著相关。

（三）六个维度的个人属性分析

1.性别

男生和女生的网络素养有显著差异，女生的网络素养相对较好（见图2）。

女生在上网注意力管理能力、网络信息分析与评价能力、网络安全与隐私保护能力、网络价值认知和行为能力几个维度的表现显著优于男生，而男生在网络信息搜索与利用能力方面的表现显著优于女生（见图3）。

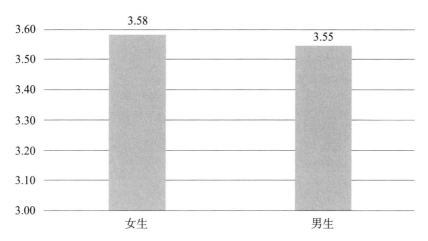

图2　不同性别的青少年的网络素养

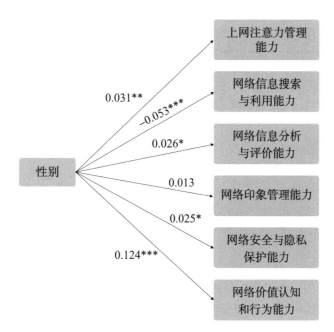

图3　性别对六个维度的影响分析

注：*前数字为标准化回归系数Beta，系数为正则为正相关，系数为负则为负相关；*代表p值小于0.05，即在0.05的水平显著相关；**代表p值小于0.01，即在0.01的水平显著相关；***代表p值小于0.001，即在0.001的水平显著相关（适用于以下各因素的回归模型图）。

2.年级

不同年级的初高中生网络素养有显著差异，高年级初中生和高年级高中生网络素养水平更高。不同年级学生的网络素养水平整体呈波浪形浮动（见图4）。

上网注意力管理能力、网络价值认知和行为能力素养随年级升高而降低，网络印象管理能力素养随年级升高而升高（见图5）。

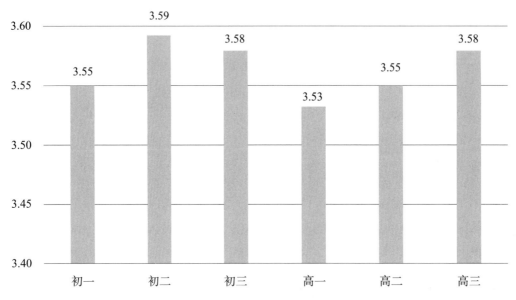

图4 不同年级学生的网络素养

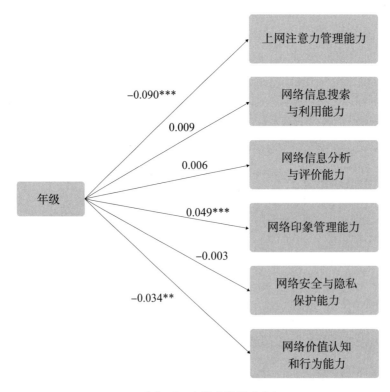

图5 年级对六个维度的影响分析

3.成绩

成绩不同的青少年网络素养显著不同，成绩较好的青少年网络素养水平相对较高（见图6）。

青少年成绩越好，在上网注意力管理能力、网络信息搜索与利用能力、网络信息分析与评价能力、网络安全与隐私保护能力、网络价值认知和行为能力方面的素养越高（见图7）。

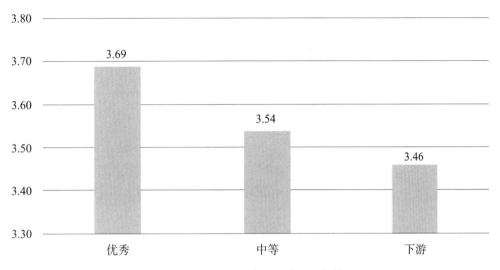

图6　不同成绩的青少年的网络素养

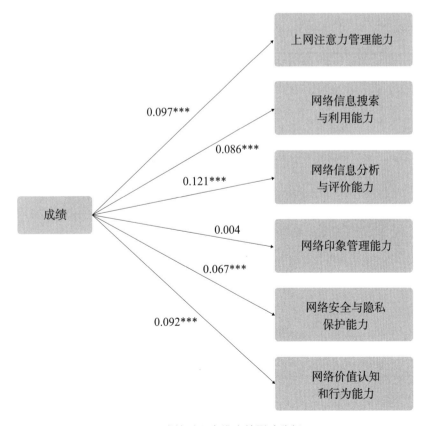

图7　成绩对六个维度的影响分析

4. 户口类型

拥有城市户口的青少年网络素养水平更高（见图8）。

拥有城市户口的青少年在上网注意力管理能力、网络信息搜索与利用能力、网络信息分析与评价能力、网络印象管理能力、网络安全与隐私保护能力、网络价值认知和行为能力方面的表现明显优于农村户口的青少年（见图9）。

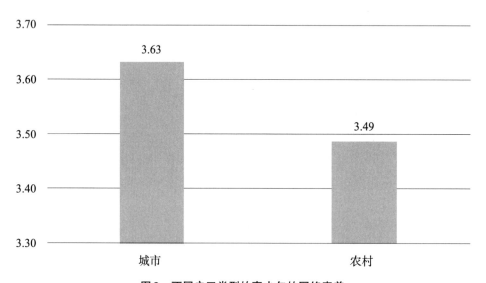

图8　不同户口类型的青少年的网络素养

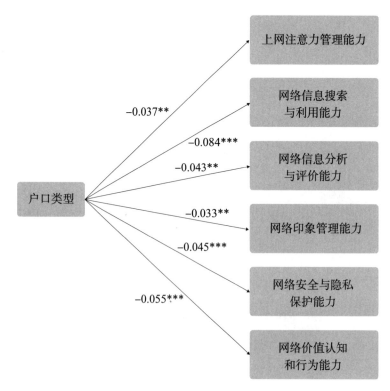

图9　户口类型对六个维度的影响分析

5.地区

不同地区的青少年网络素养有显著差异，生活在东部地区的青少年网络素养水平相对较高（见图10）。

东部地区青少年的网络信息搜索与利用能力、网络印象管理能力、网络安全与隐私保护能力素养水平明显高于其他地区（见图11）。

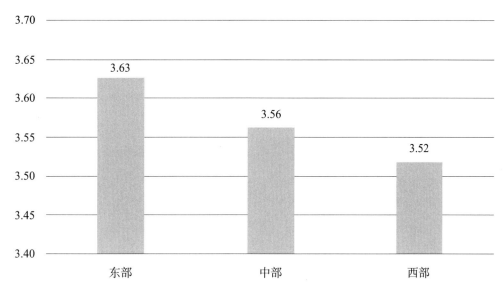

图10　不同地区的青少年的网络素养

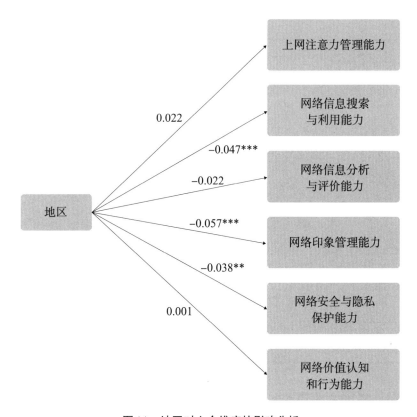

图11　地区对六个维度的影响分析

6.每天平均上网时长

每天平均上网1—3小时的青少年网络素养水平最高，随着每天上网时长的增加，青少年网络素养水平逐渐下降（见图12）。

上网时间越长的青少年，在上网注意力管理能力、网络信息分析与评价能力、网络价值认知和行为能力方面的表现明显较差，而在网络印象管理能力方面却表现更好（见图13）。

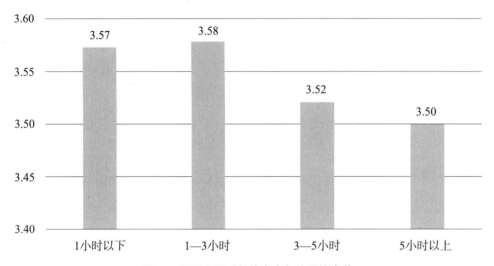

图12 不同上网时长的青少年的网络素养

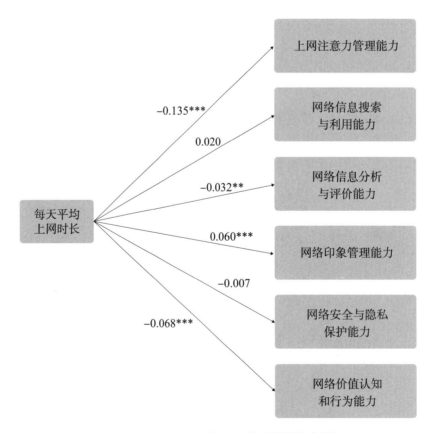

图13 每天平均上网时长对六个维度的影响分析

7.网络技能熟练度

除了"非常不熟练"一项,网络技能熟练度越高,青少年的网络素养越高(见图14)。

网络技能熟练的青少年,在上网注意力管理能力、网络信息搜索与利用能力、网络信息分析与评价能力、网络印象管理能力、网络安全与隐私保护能力、网络价值认知和行为能力方面的表现相对更好(见图15)。

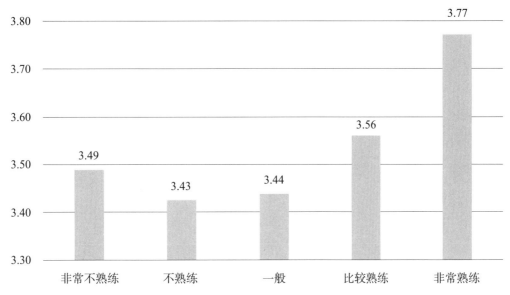

图14 网络技能熟练度对青少年网络素养水平的影响

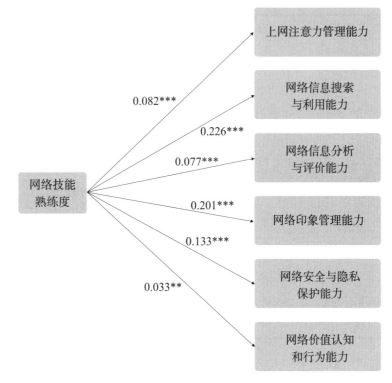

图15 网络技能熟练度对六个维度的影响分析

（四）六个维度的家庭属性分析

1.母亲学历

母亲学历越高，青少年的网络素养水平越高（见图16）。

母亲学历越高，青少年的上网注意力管理能力、网络信息搜索与利用能力、网络信息分析与评价能力、网络安全与隐私保护能力越高（见图17）。

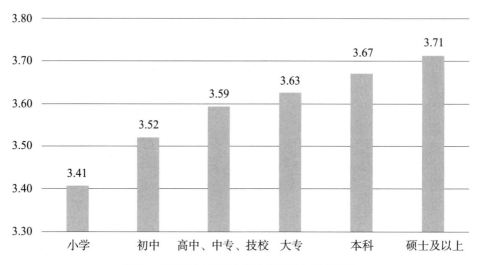

图16　母亲学历对青少年网络素养水平的影响

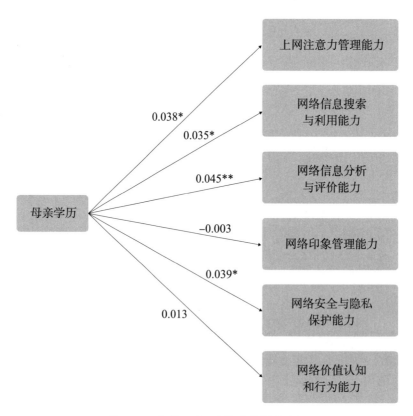

图17　母亲学历对六个维度的影响分析

2.家庭收入水平

家庭收入水平越高，青少年的网络素养水平越高（见图18）。

家庭收入水平越高，青少年在上网注意力管理能力、网络信息搜索与利用能力、网络信息分析与评价能力、网络印象管理能力、网络安全与隐私保护能力方面的表现越好（见图19）。

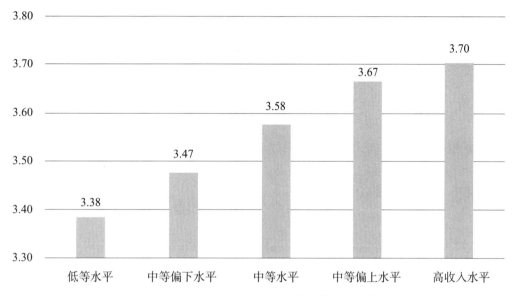

图18　家庭收入水平对青少年网络素养水平的影响

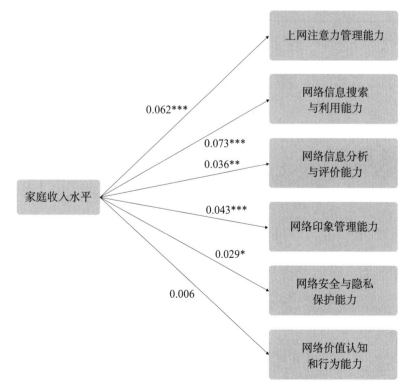

图19　家庭收入水平对六个维度的影响分析

3.与父母讨论网络内容的频率

青少年与父母讨论网络内容的频率越高，网络素养水平越高（见图20）。

与父母讨论网络内容越频繁，青少年在网络信息搜索与利用能力、网络印象管理能力方面的素养水平越高（见图21）。

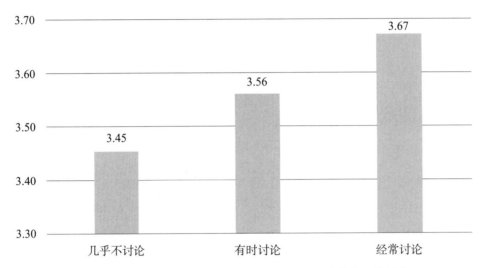

图20　与父母讨论网络内容的频率对青少年网络素养水平的影响

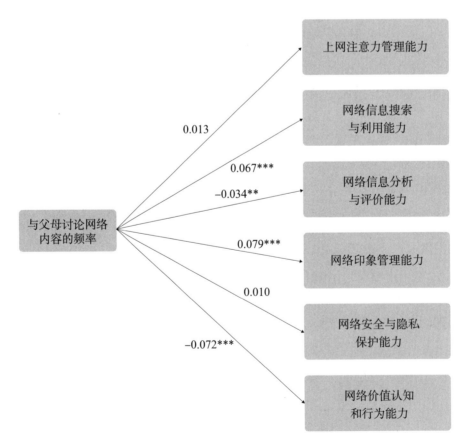

图21　与父母讨论网络内容的频率对六个维度的影响分析

4.与父母的亲密程度

青少年与父母的亲密程度越高,网络素养水平越高(见图22)。

青少年与父母越亲密,在上网注意力管理能力、网络信息搜索与利用能力、网络信息分析与评价能力、网络安全与隐私保护能力、网络价值认知和行为能力方面的表现越好,但在网络印象管理能力方面表现越差(见图23)。

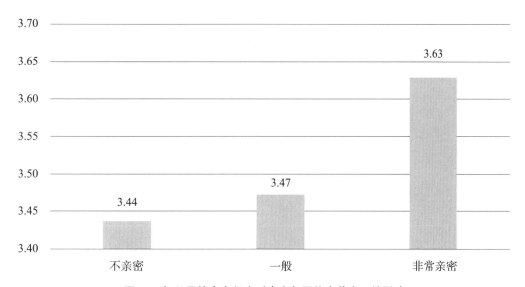

图22　与父母的亲密程度对青少年网络素养水平的影响

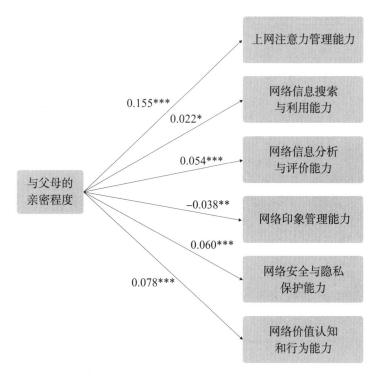

图23　与父母的亲密程度对六个维度的影响分析

5.父母干预上网活动的频率

父母干预上网活动的频率越低，青少年的网络素养水平越高（见图24）。

父母干预上网活动的频率越高，青少年在上网注意力管理能力、网络信息搜索与利用能力、网络信息分析与评价能力、网络价值认知和行为能力方面的表现越差（见图25）。

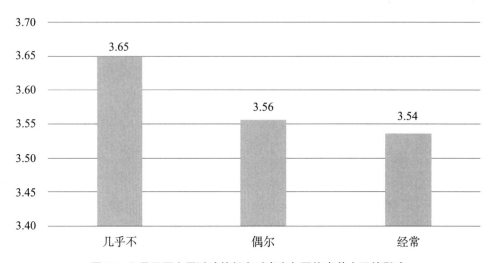

图24 父母干预上网活动的频率对青少年网络素养水平的影响

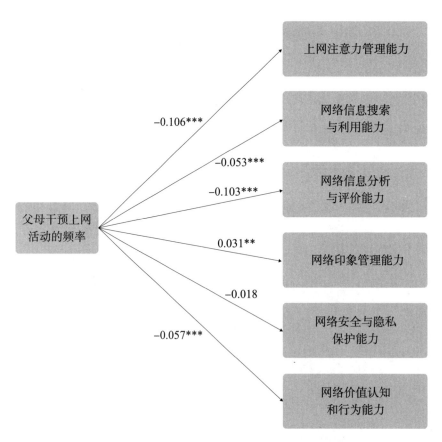

图25 父母干预上网活动的频率对六个维度的影响分析

（五）六个维度的学校属性分析

1.在网络素养类课程中的收获程度

青少年在网络素养类课程中的收获越大，网络素养水平提升越显著（见图26）。

在网络素养类课程中收获越大，青少年在上网注意力管理能力、网络信息搜索与利用能力、网络信息分析与评价能力、网络印象管理能力、网络安全与隐私保护能力、网络价值认知和行为能力六个维度的表现越好（见图27）。

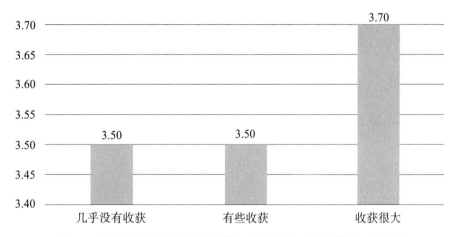

图26　在网络素养类课程中的收获程度对青少年网络素养水平的影响

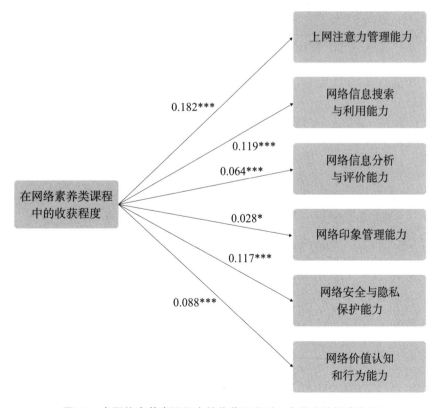

图27　在网络素养类课程中的收获程度对六个维度的影响分析

2.与同学讨论网络内容的频率

青少年与同学讨论网络内容越频繁，网络素养水平越高（见图28）。

与同学讨论网络内容越频繁，青少年在网络信息搜索与利用能力、网络印象管理能力、网络安全与隐私保护能力方面的素养水平越高（见图29）。

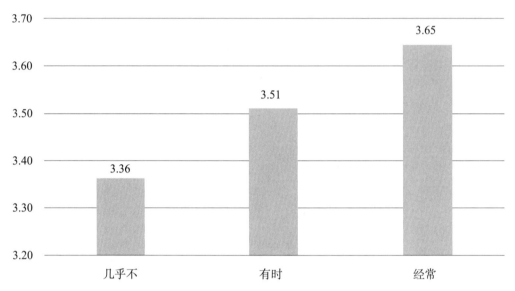

图28　与同学讨论网络内容的频率对青少年网络素养水平的影响

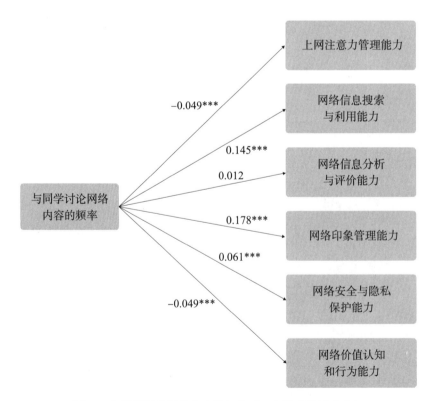

图29　与同学讨论网络内容的频率对六个维度的影响分析

3.学校有无移动设备管理规定

有移动设备管理规定的中学，青少年的网络素养水平明显更高（见图30）。

学校有移动设备管理规定，青少年在上网注意力管理能力、网络信息分析与评价能力、网络安全与隐私保护能力、网络价值认知和行为能力方面的素养水平明显更高（见图31）。

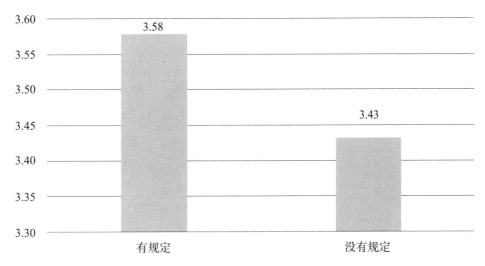

图30 学校有无移动设备管理规定对青少年网络素养水平的影响

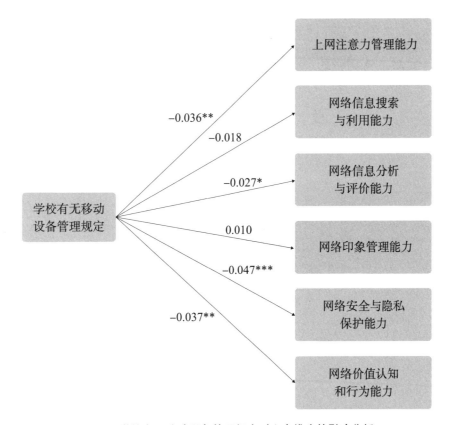

图31 学校有无移动设备管理规定对六个维度的影响分析

4.上课使用手机的频率

上课从不使用手机的青少年网络素养最高（见图32）。

上课使用手机频率越高，青少年在上网注意力管理能力、网络信息分析与评价能力、网络安全与隐私保护能力、网络价值认知和行为能力方面的表现越差，在网络印象管理能力方面的表现却越好（见图33）。

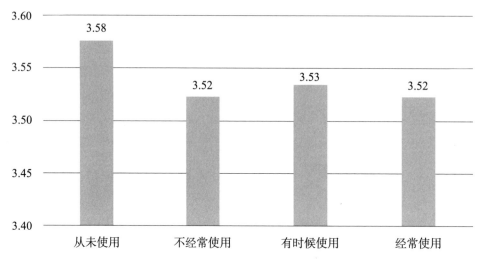

图32　上课使用手机的频率对青少年网络素养水平的影响

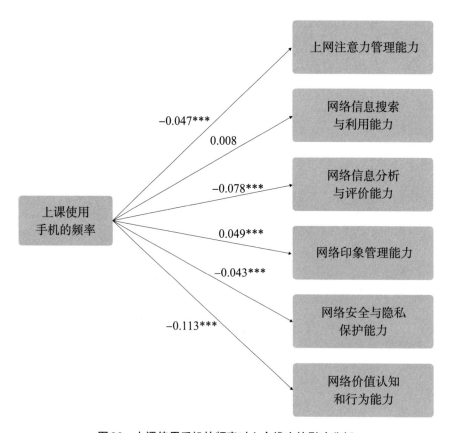

图33　上课使用手机的频率对六个维度的影响分析

四、青少年网络素养提升建议

（一）赋权、赋能、赋义是青少年网络素养培育的核心理念

基于青少年网络素养的量化研究成果，结合青少年成长发展的现实语境和社会土壤，针对青少年网络素养的培育和发展这一议题，本研究认为赋权、赋能、赋义是网络素养培育的核心理念。

青少年作为网络原住民，从出生起便生活在网络世界和现实世界交融的独特环境中。赋权就是要赋予青少年在实践中提升自我发展能力的权利，鼓励青少年去认知和接触现实世界，顺应青少年在网络世界中探索未知的天性，帮助青少年通过网络与现实世界建立联系，强调实践对认知和综合能力的提升作用，尊重青少年的自由精神与探究本能。

赋能是一种能力构建教育，有利于使青少年利用网络发展为"智慧网络人"，即培养青少年的上网注意力管理能力、网络信息搜索与利用能力、网络信息分析与评价能力、网络印象管理能力、网络安全与隐私保护能力、网络价值认知和行为能力等，使青少年娴熟地使用网络媒体，更好地参与社会活动，并利用互联网在虚拟和现实的交互中便捷地解决复杂问题，让网络真正为青少年所用。2022年3月14日，国家互联网信息办公室发布的《未成年人网络保护条例（征求意见稿）》第二章"网络素养培育"指出，国务院教育行政部门应当将网络素养教育纳入学校素质教育内容，并会同国家网信部门制定未成年人网络素养测评指标。教育行政部门应当指导、支持学校开展未成年人网络素养教育，围绕网络道德意识和行为准则、网络法治观念和行为规范、网络使用能力建设、人身财产安全保护等，培育未成年人网络安全意识、文明素养、行为习惯和防护技能。

赋义，是要在更深层次上进行网络价值教育，挖掘优秀传统文化中的道德教育资源，使青少年能够正确认识和理解网络使用的价值和意义，把握网络伦理道德，自觉遵守网络行为规范。网络赋义是一个长期的过程，需要家庭、学校和社会的共同教育引导，挖掘中国优秀传统文化中的道德要求和伦理规范，与社会主义核心价值观相结合，形成网络道德规范，深入青少年心中，内化为具体的网络行为准则，培养其网络信息筛选、目的判别与意义建构的能力，从而使他们在纷繁复杂的网络环境中识别、剔除有害的不良信息和无用的碎片化信息，在网络探索和使用的过程中发现内在的意义与自我成长的价值。

（二）实施青少年网络素养个人能力提升行动计划

青少年应认识到网络素养的重要性，将网络素养内化于心、外化于行，以达成安全、健康和高效使用网络的目标。数据显示，青少年的网络信息分析与评价能力低于平均分。因此，青少年应提高网络信息分析与评价能力，学会批判性解读网络信息。通过互联网获取有效的信息并对信息进行鉴别与分

析，是互联网用户的必备技能。学会批判地解读互联网媒介所传递的信息，包括理性对待网络广告、意识到网络构建的是一个拟态环境、认真鉴别信息真伪、学会运用多种渠道对信息进行核实，从而与网络建立起良性互动关系。

在六项维度中，青少年的网络印象管理能力的平均得分最低。因此，青少年在网络探索过程中，要从自身出发，正确地认识自己，剖析自我，管理自己在网络中的形象；正确认识网络平台的"双刃剑"作用，具备批判精神、良好的思维、辩证与分析能力；充分发挥主观能动性，随着网络平台的迭代发展，不断提升自己使用网络的能力，根据不同网络平台及其受众特点，选择合适的方式和内容进行创造、发布，学会利用不同策略维护、管理自己的网络印象。

（三）实施青少年家庭网络素养教育计划

家庭教育对青少年的成长起着潜移默化的作用。对于网络素养教育而言，一方面，以血缘为纽带的家庭教育具有独特的感染力优势，家长对孩子的性格特点、行为习惯、教育状况、思想动态等比较了解，他们的教育引导更具针对性；另一方面，家长的上网习惯会对青少年的上网行为产生直接影响。因此，家长要在日常生活中做好表率，提升网络素养水平，比如管理自己使用网络的时间、增强对网络信息的分析鉴别能力、客观认识网络的利与弊，从而更好地教育孩子。

数据显示，青少年与父母讨论网络内容的频率越高、与父母的亲密程度越高、父母干预上网活动的频率越低，青少年网络素养越高；整体而言，家庭氛围越好，青少年网络素养越高。这启示家长对青少年的教育和引导，应该在平等的语境下进行，学会换位思考，主动搭建起亲子沟通的平台，营造良好的家庭氛围，只有这样，孩子才愿意敞开心扉与家长交流，家长才能够更好地了解孩子的思想动态与遇到的问题，更好地帮助孩子成长。家长要多空出时间，多陪伴孩子读书或出去游玩，减少在孩子面前使用短视频类和游戏类等娱乐应用。对青少年的上网行为，建议父母报以宽容、理解的态度，建立与青少年平等讨论和分享的良好习惯，和孩子建立更有效的沟通方式，指导他正确认识网络上的信息、内容和社交关系。

（四）构建青少年网络素养教育生态系统

学校是教书育人的场所，也是青少年成长发展的主阵地。学校教育是网络素养教育的基础和关键，没有一种教育方式可以与学校系统化、规模化、正规化的教育方式相提并论。

数据显示，学校有无移动设备管理规定、青少年在网络素养类课程中的收获程度、与同学讨论网络内容的频率，均对青少年网络素养有显著影响。建议政府相关部门根据不同年龄阶段的学生，制定明确的网络素养能力要求，学校据此设立课程大纲与具体教学目标，开设网络素养教育的独立式课程或融入式课程。学校网络课程应该适当增加网络行为规范、信息辨别、信息搜索与利用、网络安全、网络道德等方面的教学；注意网络素养教育的跨学科合作，可以将网络素养教育融入美育、思想道德等课程中；对于不断变化的网络世界，应适时革新信息技术课程，引入相关的网络概念、前沿网络技术等内容。此外，调研数据显示，年级对网络素养中的不同指标均有显著影响，学校要根据不同年级青少年的网络素养特点进行差异化教育，在教学过程中尊重学生的主体性和独立性，结合其思想、学习和生活的实际情况，引导学生自我培养网络素养。同时要注重实践锻炼，将网络素养教育置于一定的媒介情境中，在实践中深化学生对知识的理解。

数据显示，青少年所在地区、户口类型的差异对其网络素养不同指标有所影响。这种差异的改善更需要社会的参与。学校要积极引入社会、媒体、社区、企业、公益组织等第三方力量，开展媒体进校园、进课堂、进社团等系列活动，同时鼓励青少年进行参与式、交流式、拓展式的媒介体验和社会实践活动，使网络素养教育得以突破校园。

（五）集结社会各界力量，共同促进青少年网络素养提升

青少年网络素养的提升需要全社会的重视与参与。政府、传媒企业等相关主体应从全社会的长远利益出发，充分发挥各自的职能，共同为构建良性、健康的网络文化氛围而不断努力。

政府相关部门应充分发挥组织协调功能，推行切实有效的网络素养教育政策，可以借鉴西方发达国家关于青少年网络素养教育的经验，在制度和政策制定方面进行规范。此外，政府相关部门须加速网络法制建设，不断完善相应的法律法规，让公共网络管理切实做到有法可依、有法必依，执法必严、违法必究，坚决抵制暴力、色情等多种不良网络信息，重拳打击隐私泄露与网络诈骗等违法行为，营造文明、和谐、清朗的网络空间。

2020年10月，国家修订了《中华人民共和国未成年人保护法》，并已在2021年6月1日开始实施，对于传媒企业在青少年网络素养培育中所担责任及具体要求做了明确规定。2021年8月30日，国家新闻出版署下发了《关于进一步严格管理切实防止未成年人沉迷网络游戏的通知》，进一步限制了向未成年人提供网络游戏服务的时间，严格落实网络游戏用户账号实名注册和登录要求。针对国家下发的一系列法律法规，传媒企业应积极履行企业责任，落实相关规定，不断提升青少年的网络保护能力，进一步完善保护机制与监管体系，从设计根源上防止青少年网络成瘾。

政府应动员以互联网企业为代表的全体社会组织，加强对青少年网络素养教育的重视，开展青少年网络素养项目，推动实施绿色网络健康计划，完善适用于青少年网络素养水平衡量的测评体系；设立青少年网络素养公益教育基金，研制数字时代全民网络素养教育规划和行动计划，营造全社会重视和提升网络素养的现实环境。

作者简介：

方增泉，北京师范大学新闻传播学院未成年人网络素养研究中心主任，研究员。

祁雪晶，北京师范大学新闻传播学院未成年人网络素养研究中心副主任，助理研究员。

元英，北京师范大学新闻传播学院讲师。

秦月，北京师范大学新闻传播学院硕士研究生。

数字时代未成年人网络素养的现状、挑战与应对 *

季为民　王　颖

[摘要] 当今是互联网蓬勃发展的时代，作为"数字原住民"，未成年人与网络的连接变得越来越紧密。在数字化传播语境下，未成年人一方面借助网络开展学习、娱乐、社交等各类活动，不断充实和丰富着自己的网络生活；另一方面面临着网络沉迷、网络安全、网络谣言等触网风险和挑战。数字化时代，为了提升未成年人的"数字化生存"程度，培养未成年人科学、文明、安全、合理地使用网络的能力，提升未成年人网络素养是关键。本文主要以未成年人为研究对象，拟从现状、挑战和应对三个层面对未成年人网络素养进行分析和探究，旨在为未成年人网络素养的培育提供可行性路径。

[关键词] 数字时代；未成年人网络素养；现状；挑战

随着互联网和信息技术的快速发展，以移动互联网为基础平台的智能手机、平板电脑和智能手表等数字产品迅速占领市场，并覆盖社会生活的诸多场景，同时成为推动我国未成年人互联网高使用率的主要背景。中国互联网络信息中心发布的第50次《中国互联网络发展状况统计报告》显示，截至2022年6月，我国19岁以下未成年网民达1.86亿，占网民整体规模的17.7%。由此观之，我国未成年人整体的数字接入水平非常高，数字社会的"原住民"将成为未来数字社会的重要构建者与参与者。

党的十八大以来，数字中国建设取得重大进展，提升全民数字素养与技能是发展规划目标之一。2021年，中央网络安全和信息化委员会印发《提升全民数字素养与技能行动纲要》，对提升全民数字素养与技能作出了全面系统的部署。随着互联网技术更迭和未成年网民数量的攀升，未成年人的网络素养

* 本文系中国社会科学院创新工程重大科研规划项目"国家治理体系与治理能力现代化研究"（项目编号：2019ZDGH014）；国家社会科学基金重大项目"我国青少年网络舆情的大数据预警体系与引导机制研究"（项目编号：20&ZD013）。

提升显得至关重要。针对数字时代未成年人网络素养的现状和面临的挑战，如何推进契合当前社会发展的网络素养教育，正确指导未成年人提高网络素养，提升数字技术使用技能，更好地适应和服务现代社会，成为全社会需要重点关注的重大议题之一。

一、未成年人网络素养的现状

依据"中国未成年人互联网运用状况调查"课题组2022年的第十一次全国调查数据及分析，我国未成年人网络素养情况喜忧参半，可以概括为以下几点。

（一）未成年人对互联网有了更为明确的认知与态度

未成年人对互联网为自身带来的利弊有较为清晰的认识。调查显示，未成年人认为互联网带来的正面影响的前三位是"获得知识更加容易了"（52.2%），"随时知道社会上正在发生的事"（39.6%），"与人交往变得方便了"（36.8%），也就是说，在获取知识、跟进时事、社交方面，未成年人通过网络获得了正面积极的帮助。此外，有23.1%的未成年人表示自己通过网络学到了新技能，7.9%的未成年人表示可以方便地表达自己的观点。这表明，在网络使用方面，部分未成年人在主动追求能力提升和自主表达。未成年人认为互联网带来的负面影响排名前三的是"宅家变多，运动减少"，"分走了不少学习时间"，"用电脑和手机太多，视力下降太快"。这表明，互联网运用已对未成年人的生活方式、身体健康产生明显的影响，且多数未成年人已意识到这种影响。

（二）未成年人使用互联网的安全防范能力有待进一步提升

未成年人在软件安装、密码设置、上网设备维护等方面的能力不足，网络安全教育存在薄弱环节。调查显示，"经常""总是"设置安全级别较高的网络密码的未成年人占48.1%，半数以上的未成年人对设置网络密码不够重视。此外，未成年人的隐私保护意识需要加强。调查显示，29%的未成年人在上网或安装APP（应用程序）过程中面对涉及个人信息使用等场景时，"从来没想到""偶尔会想到"需要保护个人隐私。这说明，网络素养教育需要加强未成年人安全使用个人信息、隐私数据等的教育。

（三）未成年人对网络信息的辨别、运用能力有待提升

未成年人对互联网的使用主要集中在两个场景：在课程学习上，频繁通过网络查询作业答案，搜集课程资料；在日常生活中，借助网络寻求解决问题的方法。但未成年人对网络信息的搜集、整理、分析等应用能力有待提升。调查显示，近30%的未成年人基本不具备通过网络解决现实生活中遇到的问题的能力。29.6%的未成年人表示"几乎没有"或"较少"通过网络解决现实难题；39.4%的未成年人表示"有时"借助网络解决日常生活问题；28.1%的未成年人表示"经常"或"总是"通过网络寻求解决问题的方法。可见，提高未成年人辨别、收集、整理、

运用网络信息的能力值得重点关注。

（四）多数未成年人已经具备了网络使用的自律意识和行为规范

调查显示，半数以上的未成年人认为，自己上网的态度谨慎，网络表达不会随意放纵。40.3%的未成年人表示，自己的网络言论与线下言谈一致；34.5%的未成年人表示自己的网络言论比日常言论更谨慎、自律；仅有13.5%的未成年人表示，发表网络言论时比日常言论更加随意。这说明，大多数未成年人在网络表达方面具有自我约束意识，建立了尊重网络规范的认知。

二、未成年人网络素养发展的特点

（一）未成年人网络素养培育备受重视，进入发展快车道

近年来，我国信息化基础设施发展迅猛，数字化生活逐步普及，提升未成年人的网络素养受到国家和社会各方的高度重视。2013年，教育部发布《关于实施全国中小学教师信息技术应用能力提升工程的意见》。2017年，教育部制定《普通高中信息技术课程标准（2017年版）》，提出全面提升学生的信息素养。2018年，教育部颁布《教育信息化2.0行动计划》，提出全面提升师生信息素养。2020年修订的《中华人民共和国未成年人保护法》新增"网络保护"专章，首次明确规定"国家、社会、学校和家庭应当加强未成年人网络素养宣传教育，培养和提高未成年人的

网络素养，增强未成年人科学、文明、安全、合理使用网络的意识和能力，保障未成年人在网络空间的合法权益""未成年人的父母或者其他监护人应当提高网络素养，规范自身使用网络的行为，加强对未成年人使用网络行为的引导和监督"。2021年，中央网络安全和信息化委员会印发的《"十四五"国家信息化规划》指出，要提升教育信息化基础设施建设水平，升级校园基础设施。

随着教育信息化、网络化发展，教育信息化建设驶入"快车道"，未成年人网络素养的培育和提升有了较大进展。从2012年到2021年，全国中小学互联网接入率从25%上升到近100%[①]。2020年，为了应对疫情，开发成立国家中小学网络云平台，以支持疫情期间大规模在线教育。特别是为边远贫困地区提供了优质教学资源，累计浏览量超过60亿次[②]。

（二）新冠疫情等对网络素养培育影响较大

2020年，新冠疫情暴发以来，互联网行业发展呈现快速下沉的特点，尤其是适小化明显，即大量的互联网应用、产品从以前以中青年为主要群体转向广大青少年群体。为了适应疫情防控管理，师生都适应了线上线下课堂相结合的教学模式，一定程度上提升

---

① 教育部：十年来全国中小学互联网接入率由25%提升到近100%［EB/OL］.（2022-06-21）.http://www.bjnews.com.cn/detail/165579705 5168205.html.

② 教育部新闻发布会介绍2022年基础教育重点工作任务和中小学幼儿园开学有关工作要求［EB/OL］.（2022-02-15）.https://www.gov.cn/xinwen/2022/02/15/content_5673771.htm.

了教师与学生的网络素养。疫情成为网络素养提升的催化剂，促使在线教育快速发展。在线教育激发和提升了学生的探索能力、创新能力。而且，疫情期间在线课堂的普及弥补了地区间的硬件差距（偏远山区学生找信号上课问题受到重视）。在硬件设施短板得到一定弥补后，软件环境的差距成为平衡区域网络素养培育的难点和重点。这种城乡数字鸿沟不再只是表现为基础设施差距，更多地表现为网络素养差距带来的数字化"智能+技能"的差距。

（三）未成年人互联网运用自主意识有所提高，对互联网的利弊有了清晰认知

未成年人的网络运用目的主要是查找资料、社交聊天、看视频等。调查显示，未成年人对互联网的利弊均有清晰认知，且较为积极正向。相当数量的未成年人有运用网络展示自我的愿望与需求，愿意通过社交媒体（包括朋友圈、微博、微信公众号、抖音、小红书等）主动表达自我、传播信息，并且会使用音频、视频等手段进行网上创作或发布消息。未成年人对互联网交往也有较为清晰的认知，对线上交往持谨慎态度，且交往对象以现实中的熟人为主。未成年人对复杂的网络环境和风险也有所认识，对个人信息保护有一定的意识。调查显示，部分未成年人对涉及个人的隐私数据、可识别信息保持警惕。网络交往时，未成年人选择公布性别等个人识别性不强的信息，姓名、学校、班级、照片、手机号、邮箱地址等强识别性的个人信息披露程度不高。

（四）未成年人运用网络安全措施进行自我保护的能力有待提高

尽管未成年人有了一定的自我保护意识，但使用网络安全技术进行自我保护的能力不足。调查发现，相当比例的未成年人不使用安全杀毒软件、不设置较高级别的密码。此外，互联网平台的未成年人保护措施存在安全漏洞，部分未成年人绕过安全设置使用网络平台，存在网络安全隐患。这表明，未成年人的网络安全教育需要加强，亟须提升网络安全保护意识和技术能力。

三、我国未成年人网络素养面临的挑战

网络素养是一种适应网络时代发展要求的基本能力，是网络相关能力的综合体现，既包括使用互联网工具的基本技能，又包括通过互联网获取信息的能力，还包括参与互联网共建的素质和能力。它不仅是一种基本技能，更是利用相应技能指导向善行为的网络文明意识。提升未成年人的网络素养，既要提高未成年人网络运用的技术能力、自我管理能力与社交能力，又要提高其获取、分析、判断、选择、应用信息的能力与理性思考的能力，更要引导未成年人养成崇德向善的网络行为习惯和文明守法的网络行为规范。未成年人网络素养的培育是一项系统工程，是培养心怀"国之大者"的强国一代的重要任务。我们对未成年人网络素养培育面临的挑战应有清醒的认识。

（一）未成年人主动运用互联网技术的创新能力与素养普遍不高，需加大培养力度

当前，未成年人网络使用场景和目的较为简单和初级，需要不断提升未成年人网络使用的能力和水准。调查发现，我国未成年人主要运用的是网络的基础性功能，如娱乐、社交、看视频、查找学习资料等。在数字信息的整理、分析、评估等更高层级信息管理方面的能力有所欠缺，例如，对搜索引擎的高级使用、对专业信息数据的使用、应用数字技术解决专业问题等的能力十分有限。大量未成年人并不了解计算机系统、数据安全设置技术等基本知识，上网设备的技术维护能力不足。软件安装、软件权限设置、个人隐私信息设置、上网设备维护等方面的基础知识不足导致未成年人在使用数字设备时不能处理相关问题。此外，未成年人的自我表达与创意生产的需求没有得到充分满足；未成年人主动使用网络工具（如搜索引擎、信息整合工具、个人辅助管理工具等）解决现实问题的能力不足；网络信息的识别、分析、使用技能欠缺；在获取信息知识、社会表达等方面较为被动、谨慎或消极。这表明，未成年人主动运用互联网技术的创新能力与素养均需培养。

（二）学校教育中的网络素养课程普及率不高，内容形式化，教学体系需改进和完善

学校教育是未成年人网络素养教育的主要场所。调查发现，未成年人上过网络素养课程的比例较低，仅为14.4%。未成年人获得网络技能与网络知识的主要方式是向同伴学习与自学。学校的网络素养教育课程没有得到应有的重视，网络素养教育没有形成统一、标准的体系。学校的网络素养课不能满足未成年人网络素养的培育需求。未成年人最多的网络使用环境是家庭，存在家长管理孩子上网的意愿与能力不匹配的问题，大量家长难以为子女提供有效的网络教育与协助。

（三）疫情期间教师、家长与未成年人的网络素养短板凸显，需要协同提升

在线教育的兴起凸显了网络素养的重要性。而在这个过程中，教师对新技术的运用存在差异，教学质量参差不齐；家长承担了学校的监督、辅学等责任，家长的网络素养成为能否尽到这一责任的关键。线上和线下的深度融合不仅对未成年人的网络素养提出新要求，对教师、家长的网络素养也提出更高要求。在规模化的在线教育活动中，网络教学平台的更新迭代，在线教学模式的创新，VR（Virtual Reality，虚拟现实）技术与AR（Augmented Reality，增强现实）技术等教育数字化产品、技术不断推出运用，都需要学校、家长与未成年人同步跟进、学习和适应。

（四）未成年人在网络消费和在线活动中的网络安全问题和风险突出，需要通过提升网络素养获得保障

北京互联网法院数据显示，2018年9月以来，共受理涉未成年人网络纠纷76件，主要

涉及充值打赏、网络购物、人格权侵权等纠纷。这些典型案件反映出在网络娱乐消费领域，尤其是网络游戏、网络直播，存在易沉迷、逃避家庭监管、规避平台认证措施的情形。未成年人一方面是人格权侵权的受害者，另一方面是加害者。北京互联网法院副院长姜颖呼吁，监护人、市场主体、学校及政府部门要进一步提升未成年人网络素养，加强未成年人保护意识。[①]新冠疫情以来，未成年人在线时间增多，各类网络安全事件频繁发生，未成年人网络素养与网络安全方面的案例引起各方关注。例如，深圳市的一名12岁学生以上网课为名，一周内在游戏平台消费14万元，给游戏主播打赏12万元；长沙一名12岁学生用手机上网课时，加入某粉丝群，参与红包返利活动，被骗2万元。这些涉未成年人网络案件纠纷表明，要想规范未成年人的网络行为，防止侵害与被侵害，需要引导与提升未成年人的网络素养。

四、推进培养契合数字社会的未成年人网络素养的应对之策

（一）建立契合数字社会的未成年人网络素养理念

首先，数字社会要关注未成年人网络素养的培育。2020年，新修订的《中华人民共和国未成年人保护法》增设了"网络保护"专章。

---

① 北京互联网法院共受理涉未成年人网络纠纷76件 充值打赏类案件占3/4［EB/OL］.（2022-05-26）. https://baijiahao.baidu.com/s?id=1733874496777795628&wfr=spider&for=pc.

在人工智能、数字孪生、元宇宙（Metaverse）等前沿技术的影响力越来越大的数字时代，我们需要更加注重提升全民数字素养，从建立"未成年人网络保护"的共识，过渡到探讨更加多元细致的"数字时代的青少年发展"的议题，以促进未成年人发展。其次，需要引导全社会科学合理地看待数字技术的影响。《中华人民共和国国民经济和社会发展第十四个五年规划和2035年远景目标纲要》提出"迎接数字时代，激活数据要素潜能，推进网络强国建设，加快建设数字经济、数字社会、数字政府，以数字化转型整体驱动生产方式、生活方式和治理方式变革"和"发挥在线教育优势，完善终身学习体系，建设学习型社会"。教育部提出要完善全民终身学习的教育体系，正在制定的"学前教育法""家庭教育法""未成年人网络保护条例"需要更多关注数字时代的技术发展趋势和影响，培养和未成年人相关的各群体的数字观念和能力。目前国内的网络素养研究更多关注信息获取、工具使用和网络安全等现实议题，极少关注创新创造与认知观念等深层议题。

（二）完善政策法规，多方合作协调统筹，推进落实未成年人网络素养教育

制定实施相关法律法规是推进落实未成年人网络素养教育的有效保障举措。2022年3月，国家互联网信息办公室就《未成年人网络保护条例（征求意见稿）》再次公开征求意见，条例设专章论及未成年人的网络素养培育，并对教育主管部门、学校、政府机构、互联网服务平台方、社会各层面提出具体要

求：教育行政部门应将网络素养教育纳入学校素质教育内容，并会同国家网信部门制定未成年人网络素养测评指标；教育行政部门应当指导、支持学校开展未成年人网络素养教育；学校应将网络素养教育内容纳入教育教学活动；国家、社会组织、学校、家庭和网络供应商等要为未成年人提供上网指导和安全、健康的上网环境。

未成年人的网络素养培育是一项系统工程。政府部门应统筹整合教育活动与素养培育，联合行业资源，整合社会力量，带动城乡学校、家庭，推动未成年人网络素养培育。近年来，广东省委网信办在探索青少年网络素养教育方面创新不断，强化多方协作，促进青少年网络素养教育向纵深推进。2022年5月，广州市成立了未成年人网络生态治理基地。通过建立政、用、产、学、研的平台，整合各方力量，推动以未成年人网络素养培育为主线的未成年人网络生态治理，打造网络素养教育"家校社企"协作模式。

（三）将全民网络素养培育与未成年人网络素养教育结合起来，共建网络素养生态系统

家庭是网络素养培育的重要场所，家长的网络素养教育与未成年人的网络素养教育同等重要。未成年人家庭关系亲密度越高，其网络素养程度越高；家长干预未成年人上网频率越低，未成年人的网络素养程度越高。家庭氛围相对轻松和谐，有助于未成年人网络素养提升，家长在保护未成年人使用网络权利的同时，要提高自身网络素养意识与能

力。2018年，由国家发展改革委员会等19部门联合印发的《关于发展数字经济稳定并扩大就业的指导意见》明确提出："到2025年，伴随数字经济不断壮大，国民数字素养达到发达国家平均水平。"2021年，中央网络安全和信息化委员会印发的《提升全民数字素养与技能行动纲要》指出，提升全民数字素养与技能成为顺应数字时代要求，提升国民素质、促进人的全面发展的战略任务。要实现以上目标和任务，应高度重视家长和未成年人的网络素养教育，构建覆盖全民、城乡融合、公平一致的数字素养与技能发展培育体系，为提升全民数字素养与技能拓展场景、激发动力、储备人才、打好基础。

（四）改进和加强网络素养教学，推动网络素养教育体系化

当前，我国中小学网络素养教育水平尚不能满足建设数字文明的社会发展目标要求，可以从以下方面全面改进和加强。第一，建立系统、科学、规范的课程体系，改变将相关内容零散分布在计算机基础、思想道德修养等课程中的现状，建立独立系统的课程大纲和教学体系。第二，着力提升网络素养教学水平，提升一线教师的网络素养。如广东省教育厅依托"百千万"三年行动计划，通过线上线下相结合的方式对全省2万余所中小学、幼儿园，3万名骨干教师开展网络安全素养培训，推动了普及网络素养教育进校园活动，提升了学校网络安全素养教育能力。第三，重视家长和学伴的作用，改进教育方式，组建学习团体，以青少年喜闻乐见的方式开

展网络素养教育培训。广州以"约定"为主题开展亲子网络素养教育活动，通过唱约定歌、讲约定故事、做约定证书、听约定五步法讲座等喜闻乐见的方式，引导孩子与父母拉钩钩，相互约定彼此的上网时间和行为，一起安全、健康、文明地上网用网。活动进入全省1000多所幼儿园、中小学，覆盖上百万家长和孩子。此外，可招募培训青少年小讲师，发挥同伴教育的影响力。

（五）鼓励引导互联网平台履行社会责任，发挥平台资源优势，参与未成年人网络素养教育

鼓励引导互联网平台主动履行社会责任，严格遵守行业规范和政策法规，发挥平台资源优势，为提升未成年人的网络素养提供健康内容和教育资源。互联网平台应充分发挥在吸引青少年用户方面所具有的引流优势、内容优势和社交优势，积极参考共建网络素养教育活动平台。例如，微信推出青少年专属项目"绿苗计划"；通过完善产品设计、青少年内容池共建、流量扶持、专业研讨、公益活动和创新赛事等多重举措，与高校、社团合作，推出"科技少年远行者"——青少年网络素养提升计划；围绕"第五届全国青少年人工智能创新挑战赛"开展基础服务，开发及共享低门槛的数字化研发工具及创新编程课程，为青少年提供发挥创意的舞台，全方位陪伴青少年成长成才，多层次助力青少年网络素养提升。

参考文献：

［1］季为民，沈杰.中国未成年人互联网运用报告（2021）［M］.北京：社会科学文献出版社，2021.

［2］阮福祥，张海波.广东提升青少年网络素养的探索［J］.网络传播，2021，6：76-79.

［3］卜卫.儿童数字权利需要的不仅仅是"保护"——从儿童四项基本权利看平台企业的儿童权利议题［J］.可持续发展经济导刊，2021（8）：40-43.

［4］陈志娟.提升未成年人数字素养［N］.中国社会科学报，2022-01-06（3）.

作者简介：

季为民，中国社会科学院大学新闻传播学院教授、博士生导师，中国社会科学院工业经济研究所副所长。

王颖，中国社会科学院新闻与传播研究所助理研究员。

未成年人网络素养课程教材设计与教学建议
——以广东省地方课程"网络素养"教材为例

张海波

[摘要] 随着未成年人网络保护立法及网络素养教育工作的推进，针对未成年人的网络素养课程教材设计显得日益迫切。广州市少年宫网络素养教育团队在多年课题研究和教学实践的基础上，逐步推动网络素养纳入广东省地方课程教材，并面向学校开展大范围的师资培训和课程推广，实现了我国网络素养教育正式进入国家基础教育体系的突破。这对全国开展未成年人网络素养教育具有重要的示范作用和借鉴意义。本文以该教材的设计和教学实践经验为基础，对我国开展未成年人网络素养教育课程教材设计和教学建议进行初步的总结和探讨。

[关键词] 网络素养；地方课程；儿童参与

一、广东省地方课程"网络素养"教材的设计历程

如何在未成年人网络素养教育工作中设计系统的课程教材、建立系统的教学体系？2006年，广州市少年宫网络素养教育团队在国内率先开展了未成年人媒介素养教育活动和课题研究。2008年，该团队率先在少年宫开设了儿童媒介素养教育实验课程。2011年，团队负责人张海波与少先队辅导员、少年宫各专业老师、少儿媒体工作者等联合组建了课题组，聘请了一批教育、传媒方面的专家为顾问，成功申报了广东省社会科学院青少年成长教育研究中心重点课题"青少年媒介素养教育研究"，在少年宫媒介素养实验课程的基础上，采取"全面融入、专题实施、家校互动、校内外衔接"的实施路径，探索出了一条适合我国国情和学校教育体制，切实可行的媒介素养教育课程本土化实践道路。

2013—2016年，课题组联合相关专家和出版单位组建了教材研发团队，基于课题研究

和教学实践成果，推出了针对未成年人的"媒介素养"系列教材读本，较为系统地构筑了学生、家长、教师三位一体的教育体系，融合了信息技术、科学、品德与生活、公民常识等课程要素，为现代媒介与信息科技进入课堂、进入家庭，实现有效教学提供了操作路径。

在我国，为满足不同地区的学校和学生的需求，对课程实行分级管理。省级地方课程是国家基础教育课程体系的重要组成部分，是根据当地经济和社会发展的具体实际，面向局部地方，满足地方或社区对学生发展的具体要求和学生自身发展的需要而设置的。"媒介素养"系列教材在编写时就紧扣省级地方课程相关标准，使其成为我国首套相关领域的地方课程教材成了编写团队共同努力的方向。

为了让教材更符合学校和学生的实际需求，教材研发团队结合省级课题，为广州市的子课题学校配备了实验教材和课件，同时为学校进行师资培训，为家长举办讲座和示范课。随后，在相关政府部门的支持下，实验教材和相关读本被陆续推广到少年宫、学校和少先队组织。

2014年12月，《媒介素养》(小学生用书)经过全面系统的修订完善之后，第二次送初审获得通过，成为广东省地方课程实验教材，并于2015—2016年进入广州、茂名电白等地的学校课堂和全国青少年宫，进一步进行试验使用。其间，教材编写团队多次组织基层调研和座谈，听取试用学校的一线老师、家长和学生的意见和建议，进一步充实和完善了教材内容。

2016年，实验修订后的《媒介素养》教材送省教育厅审定，并于同年12月获得通过，被列入广东省教育厅的教材目录，成为国内首套通过审定，进入中小学省级地方课程体系的媒介素养教育教材。广东省教育厅对教材的整体意见是：教材全面系统地呈现了媒介知识，生动有趣地介绍了媒体功能，现实理性地倡导了媒介操守，是一套具有先导意义的好教材。其主要特点是：简练、实用、生动、及时；科学性、思想性、实践性有机统一；具有适度超前的国际视野教育理念。

2019年，团队在媒介素养教育课程的基础上，结合信息技术和思政教育及少先队活动的相关内容，根据"争做中国好网民工程"活动的要求以及网络媒介科技的最新发展形势，对原《媒介素养》教材进行了全面修订，以网络素养的培育为核心，改名为《网络素养》，成为国内首套进入省级地方课程体系的本领域教材。2020年9月，团队又相继推出了《网络素养》数字教材、音频课程，以及针对中学、亲子，面向学生、家长和教师的系列教材读本，并在政府部门主导下，面向广东全省中小学、幼儿园进行了大范围的师资培训和教学实践。

本文以地方课程"网络素养"教材的设计和教学实践经验为基础，对未成年人网络素养课程教材设计和教学建议进行初步的总结和探讨。

二、未成年人网络素养课程教材的指导思想和基本理念

地方课程"网络素养"教材以习近平新时代中国特色社会主义思想为指导，全面落

实和贯彻习近平总书记网络强国思想，根据我国信息化发展战略和争做中国好网民工作的相关要求，依据我国网络科技的最新成果和有关网络空间治理、未成年人网络保护的相关法规，针对近年来出现的未成年人网络安全突出问题，吸收了近年来我国信息技术教育、媒介素养教育和德育课程的教学成果，以"从小争做中国好网民"为主题，以全面提升少年儿童网络素养为目标，推动清朗网络空间治理。

本系列教材的指导思想、基本理念和教育方法包括以下几个方面。

（一）坚持正确的政治方向，紧扣"好网民"主题

网络素养是网络时代公民的核心素养之一。网络素养教育不同于一般的学科教育，它是以"争做中国好网民"为主题、有鲜明时代特点和政治要求的主题教育。

我国少年儿童网络素养的培养目标就是要落实习近平总书记关于"培育中国好网民"的重要指示精神，即从小培养网络时代的合格公民。教材在内容上全面落实中国好网民的具体目标，包括"四有"和"六个意识"，具有鲜明的政治导向性。

在当前立德树人、全课思政大背景下，从某种角度上讲，网络素养教育是网络思政引领下的信息技术教育。教材突出育人功能，落实在网络时代"为谁培养人""培养什么样的人""怎样培养人"的问题，突出作为公共教材的政治方向和价值观导向，以网络思想引领为核心，体现技术向善、技术

为国、技术为民、技术为人的理念，通过科技向善，实现国家发展、民族复兴、人类幸福。

教材在网络科技发展历史的介绍方面，坚持马克思主义科技史观，运用辩证唯物主义和历史唯物主义的观点讲解科技，引导学生从小认识人作为发明技术和创造历史的主体地位；在网络功能使用方面，引导学生从小学会趋利避害，做网络科技合理使用的主人，而不是被动沉迷的奴隶。在网络发展历史和功能应用介绍方面，充分介绍我国网络科技的最新成就，培养学生对建设网络强国的自豪感、荣誉感和使命感。

教材既重视发挥法律的规范作用，又重视发挥道德的自律作用。教材中融入了社会主义核心观教育和网络法治教育，突出我国依法治网的最新成果，以《中华人民共和国网络安全法》为核心，围绕学生上网中"不安全、不健康、不文明"的突出问题和相关案例，介绍了我国近年来未成年人网络保护方面的相关法律法规知识，引导学生守法上网。

（二）遵循核心素养理念，突出育人功能

教材既遵循"三维目标"的落实，又着眼"养成教育"的实施。在教育目标和评价中，以知识、技能、情感态度和价值观为基础，关注素养的逐渐形成和长期培养过程，即不仅关注学生在课堂上学习了哪些知识和技能，确立了哪些意识和观念，还关注学生掌握了哪些方法，可以解决哪些现实问题。

作为一种实践性很强的行为素养，网络素养的教学评价最终体现在学生能否通过课堂所学解决在网络生活中遇到的各种问题。因此，教师的教学从生活中的经验和问题入手，在课堂中通过教师辅导帮助学生找到解决方案，再回到生活中去解决问题，这样通过不断内化与实践，使学生形成自主意识和行为习惯。

在网络素养教育中，教材还注重科学思维方式的培养，包括在学习网络科技发展历史时，培养学生用动态发展的、历史的视角看待科技发展的思维方式；在认识网络功能使用的利与弊时，培养学生辩证地看待技术工具对人类影响的观点；在网络治理和小提案学习中，培养学生多角度和系统的思维方式。

（三）采用少年儿童参与的方式，全面开展自主教育

网络素养教育围绕"争做中国好网民"这一主题目标，前提是"争"，关键在"做"。"争"体现为个人的主观愿望，强调网民的主观能动性。如何通过教育使学生产生"争"的强烈愿望和持续"做"的行为习惯是教育取得实效的体现，使学生从"要我做"变为"我要做"，从课堂上的学落实在生活中的"做"。学生不但自己学习，还要积极传播创造，参与清朗网络空间的建设。

为此，本教材采用了"儿童参与"和"自主教育"的方式，强调少年儿童的主体地位；"保护"与"发展"并举，充分保障少年儿童使用和参与各种网络的权利，在"赋权"的基础上全面"赋能"。

三、未成年人网络素养课程教材的导向把握

一本好的未成年人网络素养课程教材应该把握好哪些导向呢？通过实践，我们认为其需具备以下几个方面。

第一，既要体现党和国家对新时代好网民培养的任务要求，又要反映少年儿童网络健康生活和全面发展的需要，有效落实法治教育，建设清朗网络空间，具有明确的价值导向。作为国内第一本进入地方课程的网络素养公共教育教材，我们在内容上充分落实"争做中国好网民"主题教育的工作要求，同时在长期的调研和教育实践的基础上，全面梳理了当前我国少年儿童网络生活的主要需求，把握当代少年儿童网络化成长的规律和特点，认可少年儿童在网络生活实践中获取的经验和知识，积极对话，有效引导。从网络生活经验出发，在课堂中提炼、引导，再回到生活中去践行。在遵循少年儿童网络化成长的规律和学习特点的基础上，在政治方向和工作要求的目标下，突出儿童化和生活化，用真实的生活案例将法治教育贯穿其中。

第二，既要体现网络科技发展对人才培养的要求，又要反映目前少年儿童在上网过程中影响其身心发展的突出问题，具有鲜明的问题导向。国家信息化的发展对学生的网络素养和信息技术水平提出了更高的要求。本教材及时加入了大数据、物联网、区块链、人工智能等最新科技成果的介绍，在网络的功能应用方面，不只关注网络学习领域，还涉及获取信息、娱乐消费、社交表达等各个

方面，力求全方位关注和引导少年儿童的网络活动的各个领域。同时，教材充分反映了当下学生在网络使用中遇到的突出问题，如网络沉迷、不良信息、网络欺凌和网络违法行为等。针对这些问题，教材结合网络法治教育，为学生在日常生活中解决这些问题提供了"锦囊式"的方案，在情境问题中的讨论和模拟演练中，学习相关的防护技能，了解法律法规。

第三，既要体现作为一本教材对教师全面育人的要求，又要满足少年儿童自主学习探究的需要，既是教材，又是学本，利学易教，教学相长，具有很强的实践导向。好的教材既是指导教师开展教学的指南，又可以成为学生自主学习的学本。本教材在内容设计上充分考虑到两方面的需要。在内容编排上，从基础知识、必备技能到全面素养，循序渐进；在内容形式上，图文并茂，故事导入，主持人指引，既有利于教师在课堂上讲故事，分析案例，吸引学生，引入情境，又可以让学生自主学习，组织项目小组，课前调研，课上展开讨论，课后开展实践活动，再进行讨论、总结和反思。

四、未成年人网络素养课程教材的设计

（一）单元设计的思路和主要内容

通过地方课程"网络素养"教材实践，我们认为未成年人网络素养的内容和目标是：尊重少年儿童主体地位和参与权利，教育引导少年儿童善用网络，趋利避害，养成安全、健康、文明法治上网的行为习惯，从小争做好网民。

网络素养教育的目标是"培养好网民"。好网民的网络素养包括哪些核心知识、关键能力和基本品格，如何去实现？通过实践，我们认为未成年人的网络素养包括三个方面：知识、技能和价值观。知识是指网络科技的历史及相关知识；技能是指在学习和生活中学生应该了解和掌握的网络应用技能；价值观主要体现在学生上网用网的行为习惯上，即安全、健康和文明法治。按照这三个方面的内容，本教材通过三个单元进行设计。

第一单元，学历史，懂网络。侧重的是知识内容，文化基础方面。本单元全面介绍了网络时代以及前网络时代的网络科技发展历史，突出了人在创造网络科技中的主体地位，让学生充分了解和全面掌握网络科技发展的基本历史知识，为下一步学习趋利避害、善用科技打下基础。同时，通过本单元的学习，学生能够学习运用历史的思维方式，即不是机械静态地看待科技发展，而是运用动态发展的观点去认识事物。

第二单元，讲功能，用网络。侧重的是技能内容，自主发展方面。本单元让学生全面了解网络的各种功能应用，回顾自己网络生活各方面技能的相关体验，从而懂得网络生活中的利与弊，学会善用网络，利用网络健康地学习、社交、表达、娱乐、消费。同时，通过本单元的学习，学生能够学习运用辩证的思维方式，即不是非黑即白地片面看待科技给人类带来的益处，而是运用利弊共存并相互转化的观点去认识科技对人类的影响。

第三单元，去行动，做好网民。侧重的

是意识、态度和价值观内容，社会参与方面。围绕着新时代好网民的"六个意识"，从安全上网、健康上网和文明法治上网三个方面，引导学生主动参与"从小争做中国好网民"的行动，让学生了解在网络参与中可能遇到的风险，学习必备的技能。在引导学生进行网络参与时，既重视发挥法律的规范作用，又重视发挥道德的自律引导作用。通过案例展示、法规介绍、倡议行动，让学生懂得参与的责任和义务，安全上网、健康上网、守法上网、文明上网的意识、态度和价值观，学会担当责任，记住要求，形成愿望，树立小主人翁的意识，主动参与清朗网络空间的建设。同时，通过本单元的学习，学生能够学会运用系统的思维方式，即某一问题的产生，不是简单归于谁对谁错，而是从多角度分析，求得各方的共同参与和努力来系统解决社会问题。

（二）单元实践探究的设计

按照"儿童参与"和"自主教育"的理念，教材在三个单元知识学习后专门设计了三个"实践探究"内容，分别让学生通过模拟小讲师、小调研员和小代表三种不同的角色，参与e成长计划和儿童互联网大会等"从小争做中国好网民"的实践活动。素养强调的是"内化于心，外化于行"的"知行合一"，素养不仅体现在课堂内，还体现在课堂外，体现在学生平时真实的社会生活中。因此，实践探究是素养培养路径的重要一环，也是关键环节。课堂的教材内容基于学生平时的生活经验而设计，课堂所学所获的知识、技能

和价值观，学生须落实在生活实践中。这样才能实现素养教育的教学，源于生活，回归生活和社会，形成从生活中来到生活中去的有效衔接。

单元的实践探究，根据教学的时间和内容安排，既可以作为整个单元的综合社会实践活动，又可以作为主题实践活动，先布置任务，组建任务小组，再结合每堂课的具体学习，分阶段实施；既可以让每个学生独立完成，又可以通过小组完成、跨班级完成；既可以在网络素养专题教育中独立实施，又可以结合学校的少先队活动、信息技术课、道德与法治课、综合社会实践活动，融入家教互动和第二课堂、小社团活动等活动中。

第一单元的实践探究是做小讲师。学生将所学到的网络知识充分吸收内化，再创造性地去宣讲。"教"是更好地"学"。在教材的实践中，我们看到，小讲师的授课任务激发了学生强烈的学习愿望。他们组织宣教和支教小组，分工合作，在同伴教育中，教学相长。教师在本单元的实践探究中可以充分感受到学生自主学习的探究精神被充分调动起来后，带动了学习热情。教师可以采用翻转课堂的形式，把课堂的主人还给学生，自己当"参谋"和"教练"。在实践活动中，教师既可以让学生单独在班上宣讲，又可以组成小组上课；既可以让同年级的同学互讲，又可以让高年级给低年级学生上课，还可以组织到社区、其他学校宣讲，还可以参与e成长计划，选拔学生公益小讲师，让城市的学生为乡村学生支教宣讲。

第二单元的实践探究是做小调研员。学生在调研中会充分了解自己在日常生活中使

用网络的"利与弊",通过调研和思考,形成在生活中善用网络、趋利避害的切实可行方案。另外,通过指导和了解学生的调研报告,教师可以更全面地了解和掌握学生的网络实际运用现状。这些一手的宝贵素材可以用于教师下一步的教学设计。小调研员活动既可以在课前布置给学生,作为课堂导入的重要内容,又可以在课后布置,作为将课程所学运用于实际的活动。小调研员活动是学生开展自主式探究性学习的重要方式。在调研中,学生学会了如何提出问题、分析问题,并为制订解决方案找到科学依据。在调研前,教师可以为学生进行相关的专题培训;在调研过程中,可以让学生请求家长帮助;在调研成果完成后,可以举行相关的报告展示会,让学生互相研讨,教师进行点评。

第三单元的实践探究是做小代表。学生在班级和学校中以网络议题开展主题班会、红领巾小提案活动和议事堂活动。通过学习撰写小建议、小提案,教师引导学生主动参与清朗网络空间建设和网络生态治理。学生以"从小争做中国好网民"为主题,通过模拟小代表,撰写小提案,参加议事堂和儿童互联网大会等活动。教师可以提前为学生进行小提案撰写的相关培训;在提案撰写过程中,组织学生参加相关的考察体验活动,同时邀请家长和校外辅导员等进行指导交流;在提案撰写完成后,可以举行提案发布会等活动,还可以在学校的少代会上进行提案的发布和行动的倡议。

"三小"(小讲师、小调研员、小代表)的实践探索,让小讲师学知识,去分享,让小调研员善运用,去发现,让小代表发倡议,

去参与,充分调动学生的主观能动性,团队合作,自主探究,完成任务,解决问题。学生在实践探究中的表现和成果展示,是对教师教学效果最好、最直观的评价,也是对学生素养提升的外化体现。教师在实践前提供资源,引导学生自学准备;在探索活动过程中充分发挥学生的主观能动性,通过知识案例讲解分析,引发共鸣,提出问题,寻求方案;在活动后,及时总结、反思。

通过以上三个单元的知识和实践探究的设计,网络素养的培育从知识、技能和价值观等三维目标来落实,通过文化基础、自主发展和社会参与等三个方面去实施,以"懂"(学习)、"用"(运用)、"做"(创造)的方式,达到"知"(我了解)、"情"(我喜欢)、"意"(我想做)、"行"(我去做)的效果,内化于心,外化于行,实现知行合一。把提升网络素养从个人学习层面落实在"争做好网民"的实践行动中,在行动中不但自己践行,还带动身边的人一起参与。

(三)各单元的课程设计

根据各单元的主要内容和教育目标,第一单元的第一课都是该单元知识点的全面介绍,既是该单元学习的导入,又是该单元的预览。每个单元的其余各课则在第一课整体介绍的基础上分别具体介绍。

第一单元主要介绍网络科技历史知识。本单元的第一课是"走进网络新时代",介绍了信息传播的五个阶段。这一单元的第二课为"前网络时代",第三课为"网络时代",分别介绍了目前学生在日常学习生活中经常

使用的图书、报刊、电影、广播、电视、网络以及人工智能等多种媒介。每节课设置了三部分：第一部分是历史介绍，主要介绍某种媒介的发展历史；第二部分介绍这种媒介的主要功能及其在学生日常生活中的运用；第三部分通过"议一议"或"做一做"，让学生更合理地使用这些媒介。

第二单元主要介绍网络的功能应用。本单元的第一课是"认识网络新功能"。本单元的第二课、第三课、第四课，具体介绍了社交表达、娱乐消费和学习资讯三部分六种功能。每节课设置了三部分：第一部分是功能介绍，并分享了学生日常的网络使用经验；第二部分是分析利弊，引导学生分析讨论这种功能带来的好处和风险；第三部分通过"议一议"或"做一做"，让学生在日常生活中"善"用这种功能，在行动中体验如何趋利避害。

第三单元主要是指导学生争做好网民。本单元的第一课让学生了解争做好网民行动，分为三部分：为什么要做好网民？什么是好网民？怎样做好网民？本单元的第二课、第三课和第四课从安全上网、健康上网和文明法治上网三个方面具体讲怎样做好网民。每节课分三部分：第一部分从学生在日常生活中可能会遇到的网络风险和危害说起，引出各种受害案例；第二部分是"我们该怎么做"，介绍各种防风险、抵抗危害的"锦囊妙计"或方案，并穿插介绍相关知识或法规的"资料袋"；第三部分是"议一议"或"做一做"，把学生放入日常生活场景，让学生运用所学去设计应对方案和倡议行动。

五、未成年人网络素养课程的教学建议

教师如何依据教材更有效地实施教学？根据长期的教学实践，我们提出如下建议。

（一）吃透"两头"，因地制宜，因材施教

"两头"指教育目标和教育对象。教师首先要全面整体地理解本教材的教学目标。网络素养的教学目标是育人，培养好网民。网络素养教育要落实到行动中，要引导学生积极参与"从小争做好网民"的行动，主动参与建设清朗网络空间。也可以说，网络素养的教学目标是培育清朗网络空间的好网民。好网民既是育人规划，又是行动指南，还是社会要求。有了这个大目标，再设置单元目标，再细化每节课的目标。小目标既是大目标的分解步骤，又蕴含着大目标的实现方向。

要实现这样的目标，教师就要充分了解教学对象的实际情况，了解校情、级情、班情以及每个学生的"生情"。教师要了解学生平时在课堂外的实际生活，特别是在家中上网用网的实际情况，要积极开展学生网络生活和网络素养状况的调研，了解作为网络"原住民"的学生的网络潮流文化，展开积极对话、激发共鸣、取得共识、采取共同行动。在此基础上，教师再围绕教学目标有针对性地设计教学的重点和难点：一是确定和调整教学内容的重点，这个重点主要是兴趣点和

痛点。比如，在功能应用方面，学生的兴趣点可能是玩网游或刷短视频，那就可以从这个点切入，激发学生学习的兴趣；在安全上网方面，学生的痛点可能是受到网络欺凌怎么办。在健康上网方面，学生的痛点是因为网络沉迷常在家里和父母发生冲突。二是根据教学目标、学生目前的网络素养状况与"好网民"的要求的差距，在好网民行动实现过程中的薄弱环节找到教学的难点。在网络素养教学实践中，难点往往不在于知识和技能的传授，而在于动机的激发、行动的自觉、习惯的养成，意识、态度、价值观的内化生成。这些不是一两堂课能解决的问题，也不是随着知识和技能的累积必然达成的，而是知行合一长期实践的结果。这需要教师清醒地认识到自己作为教育者一方的局限性以及学校课堂教育的局限性，要善于调动教学对象的自主性、积极性，调动课堂外、学校外的教育资源和环境因素，将课堂和教材作为连接生活与社会的媒介或工具，将自己和学生作为学习共同体，将自己、学生、家长及可调动的社会力量作为"争做好网民"行动的伙伴和同盟。

（二）引导少年儿童参与，全面实施自主教育

当代少年儿童是网络时代的"原住民"，他们从小在屏幕前滑动指尖，连接世界。因此，未成年人网络素养教育在教学方式上要注重少年儿童的参与，实施自主教育。教师不只将少年儿童视作网络信息接收者和课堂上被动的学习者，还要视其为网络信息自动

的使用者、传播者，课堂的积极参与者、对话者，网络空间积极的参与者和建设者。学生作为未成年人和成年人一样，都是网络空间建设的一分子，有责任、有义务去主动参与建设。在课堂上激发动机，先通过明理、知情、生意，再通过单元探索去"导行"，最后通过在行动中获得的社会评价和体验加强持续行动的意愿。

少年儿童参与的教育理念要求教师在发挥引导作用的前提下，特别注意学生的主体地位，发挥其自主性。在教材使用上，教师要充分发挥单元探究的引领作用和教材作为少年儿童带着任务进行自学的学本作用。这样可以让学生在实际任务中主动学习；在解决实际问题的过程中获得解决问题的能力；在真实的社会交往和参与过程中体验道德的力量；在真实的案例和场景中获得对法治的理解和认知；在任务和实践活动中去自我实现、自我探索、自我感悟。通过小讲师、小调研员、小代表等角色扮演，让学生学以致用，知行合一，将网络素养的提升落实到具体的"争做中国好网民"的实践行动中，在行动中强化意识，增长才干，提高本领。

少年儿童参与的教育理念要求教师思考，如何在教学设计、实施、评价等各个环节让学生参与进来。在课堂教学设计时，教师可以"问需于童""问计于童"，通过调研，了解少年儿童目前的网络使用状况以及遇到的问题，从少年儿童的生活经验和问题需求入手，结合教材内容，切入主题；在课堂教学中，通过设定任务、组建项目小组、开展研讨等形式，让学生主动参与教学之中，在问

题式的情境中讨论调研设计方案，同伴互助启发，教师适时"退居幕后"，成为组织者、支持者；在课堂作业和单元探究中，教师更要充分发挥学生自主参与实践活动的积极性和创造性；在教学评价中也要引导学生参与，教师要特别重视学生在学习和活动中的过程评价，引导学生建立活动档案和成长资料袋，收集同伴评价和社会评价，教师要及时将这些"他评"（教师的评价、同伴的评价、社会的评价等）转化为学生的自我评价。自主教育和实践活动相结合，使得课堂的教学成果可以直接放到社会实践活动中进行检验和评价。教师最大的成就就是学生的成长成才，学生在课堂外的实践表现和成果是对教师教育效果直观的评价。通过实践活动，教师的课堂成果得以在学生身上集中展现。教师从学生获得的实践成果、从家长与社区的积极反馈中，直观地看到了自己的教学成果，根据学生在参与社会实践活动中遇到的困难和表现出的不足，调整和改进自己的教学方向。

（三）一本两用，活用教材，教学相长

我们应该思考教师在主题教育活动中的作用，以及教材在教师的教学过程中应该发挥什么样的作用。

在网络素养主题教育中，教师的作用是什么？我们可以视教师为在"争做中国好网民"这场行动中的"指导员"。我们平时的课堂教学就是一次次行动演练，最终让学生在课堂外和实际社会生活中自觉地参与清朗的网络空间行动。"指导员"不仅要讲解传授知识、技能，还要激发动机、鼓舞士气、指引

方向、总结反思、制定奖惩规则、做好表率等。也就是说，教师不只要"坐而论道"，还要"起而行之"。

因此，从这样的教师定位来看教材的话，教材不仅是教学内容的集中体现，还是围绕教学目标开展教学活动的行动指南。教师看待教材，不但要看到内容方面涉及的基本知识和基本能力这样的"双基目标"，还要看到构成素养的知识、技能、价值观这样的"三维目标"，更要看到好网民所需的文化基础、自主发展、社会参与这样的"行动逻辑"。

一本好的教材及其引发的教学活动，要成为连接学生的家庭生活与社会生活的中介，成为连接教师与学生开展对话，引发共鸣，形成共识，进而共同行动的中介。

教师要发挥好这个中介和跳板的作用。学生经由这样的中介和跳板，可以更好地学习和生活，更好地参与社会，否则教材只是静态地为课堂教学服务，教师和学生在课堂上光说不练，教材不能反映和指导家庭生活和社会生活的实践，造成校内外脱节、家校相逆的状况。教材既是教师上课的指南和素材，又是学生学习与行动的指南和素材。教材是教师和学生共同使用，在实践中不断完善的行动纲领和操作指南。教师上课的过程应该是基于生活经验的对话，是通过话题的分享讨论，问题的提出和分析，引起共鸣、寻求共识、开展行动的过程。

优秀的教师应该吃透教材现有的素材及其背后的方法思路，在教学实践中大胆取舍，灵活使用。教材只是提出一些思路、方法和案例，教师要按照这样的思路引导学生一起

围绕目标，找到更多更好的方法，创造更多的案例，并及时根据形势的变化，补充完善新案例、新内容，创造新方法。

（四）善用资源，多元实施，形成合力

未成年人网络素养作为网络社会的小公民素养，它的培养方式不同于以学科知识技能为核心的素养，它总是在一定的社会行动中，在人与人相处和交流中得以实现。因此，教师应该更多地关注影响学生网络素养形成的环境因素和人为因素，将其作为网络空间的"命运共同体"和"网络社会建设的同盟军"。在教学实践中，教师应该特别重视同伴和家长资源。

在学校里，教师要充分发挥班级、兴趣小组、学校社团、少先队组织等组织的作用，将教育目标转换成学生团队需要完成的任务。完成共同任务的行动小组就是小的学习共同体。要发挥集体、团队的组织力量，在协作中学习；要注重同伴教育的力量，互帮互助，及时树立榜样，比学赶帮，形成"争做好网民"的氛围。

在家庭里，教师要充分发挥家长的作用。学生平时自由使用网络的主要空间是家庭，因此家长成为网络素养教学的重要伙伴。在课前，教师可以让家长协助学生开展小调研；在课后，可以让学生与家长讨论相关问题，在家庭中开展上网行为的约定活动，还可以邀请相关家长作为志愿辅导员，为孩子们进行知识讲解，邀请家长代表参加学校组织的班队会、议事堂等活动，与家长、孩子对话交流。

网络素养教育作为一种主题教育，可以采用多种方式开展。我们在实践中探索总结出专题教育、学科融入、家校社协同、校内外衔接等多种路径。专题教育，是指利用学校的班队课、假前安全教育、第二课堂以及小社团组织来开展网络素养教育。辅导员老师可以把单元探索作为主题，组织学生以家庭自学和小组自学结合的方式学习单元具体内容，也可以邀请家长协助，然后开展"做小讲师""做小调研员""做小代表"的活动，组织学生参加，进行展示评比活动。学科融入，是指利用各学科中有关网络素养的内容进行学科融合教学。现在的网络素养教育的一些相关知识和内容，散见于中小学的道德与法治课、信息技术课、安全教育课等。相关的学科教师可以利用教材中的相关内容进行学科融合教学。家校社协同，是指充分利用家庭、学校、家委会和社区资源，面向家长开展网络素养讲座和亲子活动。校内外衔接，是指充分利用少先队组织、青少年宫（青少年活动中心）、博物馆、图书馆、科技馆、校外实践研学基地等资源，开展相关教育活动。

教师不但是教学活动的设计者、实施者，还是立足学校，面向家庭、社区以及更大范围的社会活动的参与者和组织者，要充分调动各方的力量，运用多元方式，形成教育行动的合力。此时，参与主题教育的优秀教师往往成为一名"社会活动者"，他不只是课堂教学的能手，还是社会活动的能手。这样的过程极大地锻炼了教师在课堂"教学力"之外的"组织力""领导力"，使教师实现了从学校教育者到社会教育者的专业发展和社会成

就，迈上了其职业发展和个人成长的新台阶。

六、广东省地方课程教材《网络素养》的实施成效和展望

广东省地方课程教材《网络素养》实施以来，得到了党政部门的高度重视和好评，受到了教师、家长和学生的欢迎，在实践中取得了较为满意的成效。

广东省教育厅在2020年3月印发的《网安校园"百千万"三年行动计划实施方案》（简称《三年行动计划》）提出：通过培训，以省网络素养地方课程教材为基础，推动校本、园本课程和主题教育活动的普及和深化，提升学校、家庭的网络安全教育指导能力，做到网络素养教育进课堂、有教材、定课时、会教研，探索校园网络安全和网络素养教育的长效机制。根据《三年行动计划》，全省的网络素养教育活动以网络研修和教师工作坊为主要形式，线上学习和线下集中培训相结合，面向全省21个地市，分三批培训3000名安全教育管理者和30000名骨干教师。目前活动已覆盖了全省2万余所中小学、幼儿园，超过1000万人次的学生和家长参与了活动。

为全面指导地方课程教材的使用，2017年以来，少年宫网络素养教育团队和广州市远程培训教师发展中心联合制作了面向中小学教师的在线教育课程，率先在国内开展中小学教师网络素养在线培训。该在线课程以地方课程教材为依据，通过教师分享、专家点评和学员反馈等多个环节，对一线教师在中小学深入开展网络素养教育、增强学生媒介素养，提供详细示范和指导。目前，该课程已在广东、江西、河南、广西、山东等地中小学教师信息技术应用能力提升工程、"国培计划"——示范性网络研修与校本研修整合项目，以及当地中小学教师全员培训中使用，并纳入中小学教师的继续教育学分，好评率达97.4%。参与学习的教师纷纷表示，系统地学习完课程后，对如何引导学生理性地看待互联网，防止网络深迷，全面提升学生的网络素养有很好的指导作用，可操作性强。目前已经有3万多名教师参加了该培训。

为了推动重点基地学校的教师开展教研活动，从2019年开始，"网络素养"教材研发团队和广州市远程培训教师发展中心面向广州市重点学校和幼儿园的骨干教师，开展了广州市中小学教师继续教育网-知汇空间"中小学生和幼儿园网络媒介素养主题教育工作坊"和相关继续教育培训工作。研修采用线上学习和线下研讨相结合的方式，突出了参与式教学方式的创新运用，并且以研修的基地学校带动本区域学校，对在校一线教师普及媒介素养教育的理念和方法，起到了很好的科研引领和示范推动作用。

为推动地方课程在全省的普及推广，广东省有关教育主管部门和教研单位积极推动各种形式的公开课、示范课及教师研修工作。从2018年开始，由广东省委网信办、省教育厅、省妇联、省总工会等联合开展的青少年网络素养教育"双进"（进校园、进家庭）活动，一直都结合地方课程"网络素养"，把争当小卫士、小讲师和儿童互联网大会等活动作为主要活动形式来开展，全省涌现出一大批积极参与活动、表现优秀的学校和师生代表。2019年3月25日，第24个全国中小学

生安全教育日，广东省教育厅举办中小学校园（幼儿园）网络安全教育示范观摩课。当天，全省21万个班级的教师和学生同时在线收看安全日主题教育活动的示范课，收到良好效果。

作为我国经济最发达的省份，同时也是我国第一人口大省的广东省，率先将网络素养教育列入地方课程，并面向学校开展大范围的师资培训和课程推广，这对全国开展未成年人网络素养教育具有重要的示范作用和借鉴意义。未来，我们期待在广东地方课程"网络素养"的基础上，积极探索，普及提升，及早建立符合我国国情的未成年人网络素养教育课程体系，并将其全面纳入国家层面的公共教育课程之中。

参考文献：

［1］张海波.苹果世代："00后"儿童的媒介化生存及其媒介素养教育研究［M］.广州：南方日报出版社，2013.

［2］张海波.媒介素养（彩色漫画版）［M］.2版.广州：南方日报出版社，2016.

［3］张海波.家庭媒介素养教育［M］.广州：南方日报出版社，2016.

［4］张海波.小学生网络安全教育（彩色漫画版）［M］.广州：南方日报出版社，2016.

［5］张海波.多措并举重素养 培养"中国小网民"——广东省校园网络安全教育实践分享［J］.中国信息安全，2020（9）：53-54.

［6］张海波.推动网络素养进入我国基础教育课程体系——以广州市少年宫网络素养教育团队实践探索为例［J］.中国校外教育，2021（1）：73-80.

［7］广东省教育厅.省网络安全示范校联盟成立！广东这样增强学生网络安全素养［EB/OL］.（2021-11-30）.http://edu.gd.gov.cn/gkmlpt/content/3/3683/post_3683682.html#1659.

作者简介：

张海波，"网络素养"教材主编，广州市少年宫五级职员，广州市未成年人网络生态治理基地主任，中国青少年宫协会媒介与教育工作委员会常务副主任。

"崇法善治 E路护苗"

——中国网络社会组织联合会未成年人网络保护专业委员会成立一年综述

焦旭辉

[摘要] 在数字时代，未成年人低龄触网现象已相当普遍。共青团中央维护青少年权益部、中国互联网络信息中心（CNNIC）发布的《2021年全国未成年人互联网使用情况研究报告》显示，2021年我国未成年网民规模达1.91亿，未成年人互联网普及率达96.8%，较2020年提升1.9个百分点。一方面是我国未成年网民规模持续增长、触网低龄化趋势愈发明显，另一方面是网络信息鱼龙混杂、网络安全侵害问题日益突出，未成年人网络保护工作迫在眉睫。2022年6月成立的中国网络社会组织联合会未成年人网络保护专业委员会，对于规范未成年人网络行为，清朗未成年人触网空间意义重大。

[关键词] 未成年人；网络保护；专委会

引 言

2022年6月20日，以"踔厉奋发谱新篇 E路护苗向未来"为主题的2022年未成年人网络保护研讨会在北京召开。会上，中国网络社会组织联合会未成年人网络保护专业委员会（简称"专委会"）正式宣布揭牌成立。[①]专委会以未成年人为作用客体，以网络保护为发力点，致力于团结未成年人网络保护领域的社会组织、企业及相关机构，推动《中华人民共和国未成年人保护法》《儿童个人信息网络保护规定》等法律的贯彻落实，

---

① 赵琳琳."中国网络社会组织联合会未成年人网络保护专业委员会"正式成立 [EB/OL].（2022-06-21）. https://baijiahao.baidu.com/s?id=1736206263413185593&wfr=spider&for=pc.

统筹、厘清现行法规条例中涉及未成年人网络安全问题的责权划分，为未成年人在网络空间中健康成长保驾护航。在随后召开的首届专委会成员大会上，选举产生了未成年人网络保护专业委员会主任委员、副主任委员，北京大学信息管理系、北京师范大学未成年人网络素养研究中心、北京联合大学网络素养教育研究中心、腾讯、百度等单位成为专委会首批成员。

专委会的成立是未成年人网络安全建设之路的重要举措。专委会将团结未成年人网络保护领域的社会组织、企业及相关机构，以未成年人网络保护为主题展开合作，以宣传教育工作为引领，统筹社会资源，凝聚社会力量，在网络素养培育、网络信息使用规范、个人信息保护、网络防沉迷等方面提供明确的规范，制定相关行业标准，营造井然有序、文明和谐的网络氛围，切实保障未成年人触网空间的清朗健康。

一、专委会成立动态历程

21世纪以来，为了适应社会发展形势和网络场域介入形式的变迁，我国未成年人保护工作逐步朝着"触网"方向走去。从2006年《中华人民共和国未成年人保护法》首次大调整，增加了有关网络方面的内容，到2020年新修订的《中华人民共和国未成年人保护法》新增"网络保护"专章，再到2022年中国网络社会组织联合会未成年人网络保护专业委员会成立，16年间，未成年人网络保护工作从法规初探到专委会"专管"的全方位进步，在此探索、成熟的过程中建立的"落

实责任、回应现实、预防为主"的未成年人网络保护的治理理念，为未来未成年人网络防沉迷整治、有害网络信息清理、网络个人信息保护、网络暴力管控等发挥了重要的指导作用。

（一）法律法规：从探索到成熟

我国未成年人网络保护的相关政策法规，主要以未成年人为对象，确立网络安全与治理的相关标准。最早关于未成年人网络保护的相关法规是2006年《中华人民共和国未成年人保护法》的补充修订，首次系统地将未成年人保护问题引介至网络场域，其中举措包括预防未成年人网络成瘾及鼓励研发利于未成年人健康成长的网络产品等，但没有对具体执行要求和惩处标准做过多的阐释和说明。直至2014年，《未成年人网络保护条例》纳入国务院"2014立法计划"，由国家互联网信息办公室召开相关部委会议，未成年人网络保护问题才逐渐得到重视，走上体系化的法规设计之路。

2016年9月，国家互联网信息办公室发布了《未成年人网络保护条例（草案征求意见稿）》，其中对网络服务提供者的相关责任义务进行了明确核定，包括"未成年人或其监护人要求网络信息服务提供者删除、屏蔽网络空间中与其有关的未成年人个人信息的，网络信息服务提供者应当采取必要措施予以删除、屏蔽""通过网络收集、使用未成年人个人信息的，应当制定专门的收集、使用规则，加强对未成年人网上个人信息的保护""鼓励网络游戏服务提供者根据国家有关规定和标

准开发网络游戏产品年龄认证和识别系统软件"等内容。2018年10月，共青团中央维护青少年权益部等部门举行了专家座谈会，对《未成年人网络保护条例（修改稿）》进行了交流修改。2020年，《中华人民共和国未成年人保护法》新增"网络保护"专章，并于2021年6月1日正式实施。2021年，《中华人民共和国个人信息保护法》《中华人民共和国家庭教育促进法》颁发。

以上述法规条例为基础，2022年3月至4月，《未成年人网络保护条例（征求意见稿）》再次面向社会公开征求意见。2023年7月，司法部、国家网信办为加快条例立法进程，进一步对《未成年人网络保护条例（草案）》（简称《草案》）加以完善。《草案》在未成年人网络素养促进、网络信息内容规范、未成年人个人信息网络保护、未成年人网络沉迷防治等方面做出规定，并回顾了近年来未成年人网络保护工作历程。

至此，从法律法规层面，未成年人网络保护工作完成了政府、社会、企业、家庭等多主体的责任界定，从政策引领、法制宣传、部门监管、企业担当、学校教育、家庭培育等各角度发力，为提升未成年人网络素养、营造健康的网络空间创造条件。

（二）专委会：从兼顾到专业

法规条例的作用在于引导和规范，而要在全社会形成"保障未成年人网络安全"的共识，更需要专业的团体统筹、宣传及长期持续的监督。在专委会成立之前，未成年人网络安全问题往往被归于未成年人权益保护范畴，作为未成年人保护问题的子问题被社会探讨和关注，如未成年人保护协会、中国互联网协会、共青团中央维护青少年权益部等团体、部门，分别从未成年人保护、网络安全等角度对相关案例进行研判。由相关团体兼顾式地处理某一未成年人网络权益问题案例，不利于后续长效地跟进工作及调配利用社会优质资源，其中复杂的法律适用、责权划分要求也难以落到实处。

专委会成立后，在集中专业团体、专家、业界领袖的经验智慧的基础上，充分调动社会力量，完善未成年人网络素养教育体系，保障未成年人网络权益，助力营造绿色、健康的未成年人网络空间。在成立的一年里，专委会做了大量卓有成效的工作。一方面，通过完善顶层设计，发布未成年人网络保护团体标准，建设未成年人网络保护专家智库；另一方面，积极推进未成年人网络素养公益讲座、活动宣传、线上课堂开展落地。专委会通过各项工作的开展，引导社会各个层面更多关注和重视未成年人网络保护工作，让家庭、政府、学校、公益组织等社会单位参与未成年人网络安全"守望者"的行列中，形成全民共同参与、共同保护、共同受益的社会氛围。

二、专委会开展的重点工作

2022年未成年人网络保护研讨会的落幕及专委会的揭牌成立，意味着以后的未成年人网络保护工作将在专委会的指导下有序开展。在随后的一年多里，专委会确定了2022

年十项重点工作，制订了2023年工作计划，主要从标准设计、中端协作及终端触达三方面对未成年人网络保护工作做了指示及阐述。

（一）标准设计

在2022年未成年人网络保护研讨会上，《未成年人网络保护现状研究报告》作为当年度专委会十项工作之一被率先发布。报告对当下未成年人网络群体现状、安全风险做了系统、全面披露。相关数据显示，未成年群体中，仅小学生的网络普及率就已超过90%，并仍呈上升趋势。未成年人中网络"原住民"群体基数的扩大，意味着接下来未成年人相关网络安全问题隐患可能随之凸显。基于此，专委会构建了由相关高校、中国标准化研究院、腾讯公司等学界及业界力量组成的未成年人网络保护专家智库，更好地为未成年人网络保护建言献策，同时共同起草发布多项未成年人网络保护团体标准。目前《基于人工智能技术的未成年人互联网应用建设指南》团体标准已于研讨会上发布。该标准立足互联网企业积极参与行业共治的原则，引导终端行业持续做好未成年人适用智能终端、未成年人网络保护功能等相关产品技术的跟踪研发，积极推进相关标准化工作。

（二）中端协作

从专家智库构建到团体标准发布，未成年人网络保护工作顶层架构已经明晰。中端层面更多地协同社会责任主体，完成包括2022年网络安全宣传周未成年人专题展览、举办"未成年人数字素养"分论坛、组织互

联网产品及服务专业测评、2023年未成年人网络保护研讨会等工作，将未成年人网络保护工作在全国范围内朝着纵深方向推进，搭建起衔接终端的智慧的中端。

（三）终端触达

从2006年《中华人民共和国未成年人保护法》首次修订到2022年专委会成立，不管网络保护内容、理念如何变化，未成年人网络保护工作最直接的触达终端仍是未成年人。在关切现实、预防为主的治理理念指导下，专委会在线上线下组织未成年人网络保护相关普法活动，举办网络素养系列公益讲座，同时推出一部未成年人网络保护公益宣传片，结合未成年人网络问题具体案例，从预防网络诈骗、网络个人信息保护、网络安全使用方法等多个具体的内容板块入手，触及全链条终端的未成年群体。

三、专委会未来工作开展趋势

关于未成年人网络保护工作的具体实施，未来专委会将从以下多个方面开展工作：搭建未成年人网络保护交流合作平台，形成社会多元共治共建良好局面；加强行业自律，促进行业规范发展；组织公益活动，引导履行社会责任；加强普法宣传，构建良好的网络生态；架起联系桥梁，系牢政企联系纽带；做好社会服务，力所能及提供帮助。真正做到社会主体协同、公益宣传、法治建设、社会沟通、社会服务"多"管齐下，将未成年人网络保护工作向着体系化、全面化推进。

（一）搭建未成年人网络保护交流合作平台

未成年人网络保护工作至关重要，但在现实中有时推进起来有些难度。主要因为缺乏有效联动和协同的相关部门，这直接导致未成年人网络保护工作无法对接社会资源，难以对个案进行精准帮扶。虽然之前有些企业主动尝试搭建与未成年人网络保护有关的交流合作平台，但都普遍面临着企业之间跨平台信息共享壁垒、公众参与积极性不强等问题。比如，2021年底由南都大数据研究院开发的"未成年人网络保护志愿评议平台"，该小程序上线半年多以来，其页面内仅有4位网友参与"公众评议"，同时受限于技术，其页面视觉呈现上较为老旧，缺乏后期维护更新。专委会成立后，积极会同各大互联网企业，共建精准、专业、持续的未成年人网络安全保护生态环境，打造体系化、高效化、智能化的一站式的网络保护交流合作平台，从具体案例切入，解决未成年人网络安全问题。

（二）加强行业自律

2011年，欧盟委员会发布了《欧盟更安全的社交网络原则》，要求社交网络服务提供者遵循关于未成年人网络使用的相关原则，包括风险评估、非法内容审查、个人信息隐私设置、规定最低注册年龄等。目前，我国也在相关领域与互联网企业展开合作，如2021年8月30日国家新闻出版署下发的《国家新闻出版署关于进一步严格管理切实防止未成年人沉迷网络游戏的通知》成了行业自律的重要表现。虽然未成年人的游戏充值需求和游戏时长因游戏防沉迷新规被压缩和限制，但并未明显根治未成年人网络沉迷问题，反而直接导致这部分未成年人投身于监管相对薄弱的短视频、网文等平台，而后者的"青少年模式"在实际操作中起到的作用很难估计。中国预防青少年犯罪研究会副秘书长牛凯认为，制定相关规则是为了保护未成年人上网的合法权益，而不是通过条例限制企业的发展。[1]专委会在未来将积极引领网络服务企业共同探索通过行业自律来保障未成年人权益的价值共享新模式。

（三）组织公益活动

未成年人网络保护公益活动主要通过线上线下相结合的模式，联动学校、家庭、企业多方力量共同开展未成年人网络安全教育工作，包括举办网络安全知识公益讲座、网络素养论坛、网络安全线上课程、网络安全宣传周等。

（四）加强普法宣传

我国未成年人网络保护相关法律法规经过10余年的探索后，当下已然形成了相对完备的法律体系。但从未成年人接触面最广的家庭单位来看，监护人对未成年人网络保护

---

① 杨月，张瑞玲，董志成.聚焦未成年人保护法大修 互联网大会温暖回声［EB/OL］.（2019-10-28）.https://baijiahao.baidu.com/s?id=1648629638575104314&wfr=spider&for=pc.

政策的认识尚且不足，缺乏对未成年人网络权益的主张申诉。专委会将积极开展普法工作，重点关注特殊未成年人、弱势群体以及未成年人监护人。

（五）系牢政企联系纽带

企业是网络服务的提供者，政府是企业行为的监管者，做好未成年人网络保护工作离不开双方的共商共谋。不管是早前惠及千万未成年人的游戏防沉迷规定，还是网络应用青少年模式，都是在政府监督、企业自律的合力下诞生的。专委会通过协调政府与企业的关系，强化双方在未成年人网络保护上的合作力度，一方面，政府主管部门通过完善监管机制，指导企业自查自纠；另一方面，政府借助企业的宣发力量，完成相关普法宣传教育。

（六）做好社会服务

社会服务工作往往涉及资助方、实施方、服务对象、合作方及社会公众等主体。从这一层面上来讲，专委会未来将扮演统筹相关主体的协调者角色。在后续的工作开展中，专委会将以"保护未成年人网络安全"为现实关切，为各方参与主体做好相应服务工作，力所能及地提供帮助。

结　语

习近平总书记强调："青少年是家庭的未来和希望，更是国家的未来和希望。"筑牢未成年人网络安全的"防火墙"，不仅关乎亿万家庭的民生权益，而且与国家未来息息相关。当前，以虚拟现实、元宇宙等为代表的信息技术日新月异，有利于经济发展、社会进步的同时，网络安全的风险也被不断放大，未成年人触网行为将面临更大的潜在威胁。如何将一个充满正能量的网络世界铺展在孩子面前，让他们在健康和谐的互联网氛围中成长呼吸，是新时代未成年人保护的重要课题。未成年人网络保护之路绝无一劳永逸的捷径。未来专委会将立足网络场域，扮演好开拓者、创新者、服务者、建设者的角色，履行好开拓未保思路、创新未保形式、服务未保对象、建设未保格局的职责使命，统筹好各类渠道、组织、资源，实现学界与业界共商，家庭与社会共育，在未来互联网时代探寻出符合中国特色、富含科学智慧的未成年人网络安全体系，为未成年人构筑出全链条、全方位、全过程的网络保护机制，让清朗的网络风气孕育国家和民族的未来。

参考文献：

姚建龙，陈子航.《未成年人保护法》的修订、进步与展望［J］.青年探索，2021（5）：5-17.

作者简介：

焦旭辉，北京联合大学应用文理学院2021级硕士研究生。

未成年人网络保护研讨会综述

任　静

[摘要] 在数字时代，未成年人网络保护已经成为社会共识。2019年，第一届未成年人网络保护研讨会召开。截至目前，该研讨会已先后举办四届。这四届会议的核心议题聚焦于未成年人网络保护，主题分别为"清朗网络空间　伴你健康成长""E路护航·赋能成长""踔厉奋发谱新篇 E路护苗向未来""崇法善治 E路护苗"。会议汇聚了众多具有建设性和前瞻性的观点、思考以及相关的实践经验。对此，本综述围绕未成年人网络保护议题，探索未成年人网络保护机制的建设要求，明确未成年人网络保护的多方责任，提出针对性的应对策略，对未成年人网络保护的多方倡议进行提炼总结，以期推动建设未成年人网络安全保护体系，保障未成年人合法权益。

[关键词] 未成年人；网络保护；网络素养；研讨会

引　言

在数字时代，未成年人触网现象已相当普遍。《青少年蓝皮书：中国未成年人互联网运用报告（2022）》显示，未成年人上网普及率已近饱和，近半年内的上网率达99.9%，显著高于全国互联网普及率（73%），[①] "未识字

① 《青少年蓝皮书：中国未成年人互联网运用报告（2022）》在京发布［EB/OL].（2022-11-28）［2023-07-15］. http://www.cssn.cn/xwcbx/xwcbx_cmkx/202212/t20221226_5572799.shtml.

先上网"已成为当前青少年的普遍情况。未成年人是祖国的未来、民族的希望，未成年人网络保护应成为社会各方重视的现实问题。

2019年，第一届未成年人网络保护研讨会在北京举办。截至目前，该研讨会已成功举办四届。2019年7月18日，由全国人民代表大会社会建设委员会、国务院妇女儿童工作委员会办公室指导，中国网络社会组织联合会和联合国儿童基金会联合主办，中国社会科学院大学和中国青年网联合承办，以"清朗网络空间　伴你健康成长"为主题的2019年未成年人网络保护研讨会在北京举办。

2021年6月1日，由全国人民代表大会社会建设委员会、中国关心下一代工作委员会、中央网信办网络法治局、共青团中央宣传部指导，中国网络社会组织联合会、浙江省委网信办、中央电化教育馆、中国青少年新媒体协会主办，中国网络社会组织联合会在线教育专业委员会、中国青年网、宁波市委网信办、宁波市人民检察院、宁波市教育局、共青团宁波市委员会、宁波市妇联承办，以"E路护航·赋能成长"为主题的2021年未成年人网络保护研讨会在浙江宁波举行。2022年6月20日，由全国人民代表大会社会建设委员会、中国宋庆龄基金会、中国关心下一代工作委员会、中央网信办网络综合治理局、共青团中央宣传部指导，中国网络社会组织联合会、中国宋庆龄基金会办公室主办，中国网络社会组织联合会未成年人网络保护专业委员会承办，中国宋庆龄青少年科技文化交流中心、光明网、中国青年网、腾讯、抖音协办，以"踔厉奋发谱新篇 E路护苗向未来"为主题的2022年未成年人网络保护研讨会在北京举行。2023年6月21日，由中国宋庆龄基金会、中国关心下一代工作委员会、中央网信办网络综合治理局指导，中国网络社会组织联合会、江苏省委网信办主办，中国网络社会组织联合会未成年人网络保护专业委员会、南通市委网信办承办，以"崇法善治 E路护苗"为主题的2023年未成年人网络保护研讨会在江苏南通顺利举办。

对于未成年人网络保护，研讨会的普遍共识是网络已经成为影响未成年人健康成长的重要因素，加强未成年人网络保护是全社会的共同责任。在2019年未成年人网络保护研讨会上，中国网络社会组织联合会会长任贤良在致辞中提到，要形成未成年人网络保护的社会共治体系，努力为未成年人营造一个良好的网络生态环境。在2021年未成年人网络保护研讨会上，中国关心下一代工作委员会主任顾秀莲在致辞中强调，研讨会的举办是顺应时代要求、回应社会关切、凝聚各方力量，共同助力我国青少年健康成长的一项重要举措，希望全社会要增强法律意识、压实主体责任、推进专项行动、鼓励实践活动，持续优化青少年健康的网络成长环境。

在这先后举办的四届未成年人网络保护研讨会中，来自有关政府部门、国内外专家学者、高校代表、互联网企业、社会组织代表、未成年人和家长代表、新闻媒体记者等近500位嘉宾以线上线下的方式参会。会议深入宣传贯彻《中华人民共和国未成年人保护法》，围绕"未成年人互联网使用与保护""新科技应用与未成年人在线教育的联动探索""未成年人网络保护的行业责任及社会参与"三大专题，聚焦"未成年人互联网使用与保护——行业责任及社会参与"话题，有关专家学者、学校代表以及互联网企业负责人展开圆桌对话，深入探讨交流了未成年人网络保护的现实图景，并提出相应的策略，共同为保障未成年人网络安全贡献智慧和力量。

一、未成年人网络保护的多重内涵

在移动互联网时代，随着智能手机的普

及，未成年人在使用互联网时出现的一些问题备受关注。对此，2020年修订的《中华人民共和国未成年人保护法》增设"网络保护"专章，对网络素养培育、网络信息内容规范、个人信息保护、网络沉迷防治等内容做出规定。2022年，中国网络社会组织联合会发布的《未成年人网络保护现状研究报告》提出，未成年人网络保护要从网络素养提升、网络生态环境治理、个人信息保护和网络沉迷防治四个方面展开，体现出未成年人网络保护的多重内涵。

（一）网络素养培育与网络保护同频共振

随着互联网技术的发展，未成年人使用网络的需求日益突出，网络素养成为未成年人必备的素养之一。在网络空间中，网络素养培育促进网络保护工作的顺利进行，网络保护工作也为网络素养培育提供了良好的制度保障。未成年人网络保护历来受到社会、学校、家庭等各方的重视，未成年人网络素养教育的发展格局从原来的单一性逐渐走向多元化。研讨会提出，网络素养教育不应局限于未成年人，教育面应适当扩展至父母，并且网络素养培育要贯穿未成年人成长发展全过程，充分联动各方力量，实现网络素养培育与网络保护的同频共振。

（二）网络生态环境治理与网络保护密切相关

在数字时代，网络生态环境日益复杂，未成年人一直受到不良信息、网络暴力、网络侵害等网络风险的影响。网络生态环境治理需要贯穿网络保护的全链条。2023年未成年人网络保护研讨会指出，要通过供给丰富优质网络内容、引导网站网民发布向上向善的网络内容、加强网络传播手段建设，在内容生产、内容发布、内容传播上发挥关键作用。本次会议以"崇法善治 E路护苗"为主题，更加关注未成年人网络保护的法治基础与社会合力，提出加强对网络服务提供者、黑客及未成年人信息内容的进一步监管，最大程度减少有害信息的传播，推动未成年人网络保护的落地实施，提升网络生态环境治理水平。

（三）个人信息保护是网络保护的重点内容

近年来，党和国家高度重视个人信息保护。互联网在很大程度上放纵了对个人隐私的入侵，未成年人自身身份特征明显、信息辨识力不足，常常泄露隐私。研讨会的各方认识到，导致个人信息泄露的原因在于技术，因此需要通过技术保护未成年人个人信息。2022年，中国网络社会组织联合会发布的《未成年人网络保护现状研究报告》提出了应对策略：一是结合技术发展、保护情况等新情况新问题，出台相关配套解释，以契合未成年人个人信息保护的实际需求；二是不断完善未成年人身份识别与监护人同意机制；三是构建未成年人身份动态巡查机制；四是重点完善民事、刑事和公益诉讼等救济方式，加强不同救济方式之间的相互衔接。

（四）网络沉迷防治是网络保护的焦点问题

《2020年全国未成年人互联网使用情况研究报告》指出，接近20%的未成年网民对互联网表现出一定的依赖程度，且31.8%的家长表示担心孩子上网时间过长，青少年网络沉迷受到家长的特别重视。2022年6月发布的《未成年人网络保护现状研究报告》指出，未成年人沉迷网络的"四大危害"，即生理健康遭受损害、人际关系造成影响、价值观念被迫扭曲、诱发违法犯罪行为。网络沉迷防治逐步成为未成年人网络保护的焦点问题。因此，呼唤专属于未成年群体的"青少年模式"变得尤为重要，比如快手的青少年模式、腾讯的严格游戏限制措施，以及各个平台通过完善实名制堵上未成年沉迷网络的漏洞。

二、未成年人网络保护的现实图景

网络空间是现实世界的延伸，因此，未成年人网络保护要关注网络触达到的多种现实情境。随着信息技术的高速发展和广泛应用，未成年人触网普遍化、触网低龄化、网络对未成年人成长的影响愈发显著。在我国当前的未成年人网络保护实践中，未成年人网络保护工作收效显著。

（一）未成年人网络保护提出的动因

随着未成年人互联网普及率越来越高，网络已成为除家庭、社会、学校外，未成年人成长的第四大空间，对未成年人世界观、人生观、价值观的塑造起到了重要作用。在2021未成年人网络保护研讨会圆桌会上，北京联合大学网络素养教育研究中心主任杭孝平教授就互联网与未成年人的关系，指出"互联网的世界未知远大于已知，新的互联网产品会不断出现，这对青少年健康成长是一个重大考验"，基于此现实问题，做好未成年人网络保护工作对于未成年人具有重要的现实意义。谈及未成年人网络保护现状，中国互联网协会副秘书长裴玮表示，"互联网为未成年人提供了认知世界的便捷入口，但与此同时，未成年人沉迷网络不良内容、遭遇欺凌诈骗、个人信息泄露等问题频频发生"，未成年人网络保护刻不容缓，全社会已达成对未成年人网络保护工作的共识。

（二）未成年人网络保护取得的进展

先后举办的四届未成年人网络保护研讨会发布了《儿童个人网络信息保护倡议书》《共建未成年人友好型网络空间 南通倡议》等，共同呼吁未成年人网络保护；发布了"人工智能为儿童"调研和案例征集项目成果以及《基于人工智能技术的儿童互联网应用指南》，对未成年人网络保护给出指导。这四届研讨会还针对暑期未成年人网络环境整治启动专项行动，旨在更加全面深入地贯彻未成年人网络治理与保护。

2022年，中国网络社会组织联合会发布的《未成年人网络保护现状研究报告》显示，未成年人对互联网的认识渐趋理性，能够认识到网络的便利与弊端，且多数未成年人发表网络言论时具有自我约束意识。中国互联网络信息中心发布的第49次《中国互联网络发展状况统计报告》显示，未成年人网络安全体验与维权意识明显改善。在安全事件方面，遭遇网络安全事件的未成年人占27.2%，相较于2019年下降6.8%；在不良信息方面，遭遇不良信息事件的未成年人占34.5%，相较于2019年下降11.5%；在维权意识方面，通过互联网维权的未成年网民达到了74.1%。[①]未成年人网络保护工作取得显著进展。

三、未成年人网络保护的发展困境

未成年人网络保护工作取得重大进展的同时，仍面临着网络沉迷、网络欺凌、隐私泄露、不良信息泛滥等多种严峻的现实考验，加上未成年人心智尚未成熟，缺乏自我防护力、辨别力和相关社会经验，网络世界鱼龙混杂，未成年人网络保护工作面临的形势和挑战更为严峻。

（一）用户的知情权未充分保障

在用户的知情权方面，企业、新闻媒介积极宣传未成年人网络保护机制，架起社会服务的桥梁，然而不论是在保护形式上还是在技术开启上，都未能最大限度地保障用户的知情权。以网络游戏沉迷这一问题为例，伽马数据发布的《2021中国游戏企业社会责任报告》显示，超过八成的未成年人受到游戏平台防沉迷系统的限制。从防止未成年人

沉迷网络的初衷来看，防沉迷措施值得肯定。但调查显示，仍有近两成的未成年人未受到该系统的限制，且2.5%的孩子并不了解该系统，无法确保用户的完全知情，从而无法进一步实现未成年人的网络保护。

（二）隐私保护针对性不强

在实践层面，面对信息海量化、教育多元化、监管复杂化的网络空间，各个平台施行的"青少年模式"在一定程度上起到隐私保护的作用，即未成年人通过单纯浏览平台筛选后的优质内容，而不参与网络空间任何形式的互动，在一定程度上降低了隐私泄露的风险，但限制了未成年人的言论自由，使其丧失了媒介参与的机会。[②]另外，在"青少年模式"的实际使用过程中，大部分未成年人和家长都采取观望态度。新浪科技于2020年10月发起"如何看待APP推出青少年模式"的微博投票，很多网友认为"治标不治本"，用户信赖度不高。

未成年人参与网络过程中可能出现的风险尚未全覆盖。隐私保护面临网络空间与现实空间的双重挑战，如何正确面对、管理、引导、保护这一庞大的群体，成为社会各界关注的重大课题。

（三）安全事件时有发生

数字时代的来临使得现实与网络融为一体，网络已然成为社会生活的另一个空间。相比于社会伦理道德，网络道德具有更高的

---

① 中国互联网络信息中心.第49次中国互联网络发展状况统计报告［R/OL］.（2022-03-19）［2023-07-16］. https://www.doc88.com/p-0347398255767.html.

② 汪华嬬.我国短视频平台未成年人保护机制研究［D］.南京：南京师范大学，2021.

虚拟性和隐蔽性，更容易滋生网络安全、网络暴力、网络不良信息传播等乱象。2019年，联合国儿童基金会报告显示，全球70.6%的15—24岁网民面临网络暴力、欺凌和骚扰的威胁。[①]另外，截至2020年，在安全事件方面，未成年人表示曾遭遇网络安全事件的比例为27.2%；在不良信息方面，未成年人表示曾在上网过程中遭遇不良信息的比例为34.5%，其中包括血腥、暴力或教唆犯罪内容，淫秽色情内容等；在网络暴力方面，未成年网民表示在网上遭到讽刺或谩骂的比例为19.5%。[②]网络空间"云雾缭绕"，顽瘴痼疾仍然存在，网络传播的内容亟待纠偏。

（四）监管模式仍需完善

网络平台一直采取"人工+智能"的监管模式，对于绝大部分的不良信息起到了遏制作用。在数字化时代，网络侵害具有多样化、隐蔽化乃至产业化的特点，网络环境治理难以溯源。多样的网络文化影响未成年人的社会化进程，以往的监管模式已不能完全规范网络传播行为，更加健全、智能、行之有效的监管模式亟待建立。

四、未成年人网络保护的责任体系

构建未成年人良好的网络空间需要社会各界聚指成拳。加强未成年人网络保护要围绕自身家庭、学校、社会、政府等多方责任主体，构筑未成年人健康成长的"精神防护林"。

（一）强化自身素养提升，网络使用从增量迈向提质

未成年人是网络使用的第一主体，是同互联网的形成与高速发展并行的一代。在此背景下，他们不需要大规模普及即可掌握常规的网络技能，加之信息时代天然的资源加持、环境熏陶，未成年人使用网络的频率攀升。未成年人自身要积极树立文明上网新风，使网络使用由高频率转向高质量：上网时不随意泄露个人和他人信息，不沉迷网络游戏，不浏览非法网站，自觉抵制不良信息传播；减少无目的的娱乐活动，增加有意识的情境训练，善于利用数字技术辅助学习；遵守法律法规，遵守学生行为规范，利用网络学习知识，提升网络素养，以主人翁精神共建共享绿色清朗的网络家园。

（二）强化家庭引导，使网络引导从被动变为主动

家庭是实施网络引导的首要责任主体，在未成年人网络保护中发挥着重要的作用。《中华人民共和国未成年人保护法》第71条要求家长既要规范自身使用网络的行为，提高自身的网络素养，也要引导和监督未成年人的网络使用行为。在讨论"家长在孩子使用网络过程中起到的作用"时，研讨会与会嘉宾一致认为，家长的陪伴和引导是第一位的。

① 全球七成年轻网民面临网络暴力 联合国儿基会呼吁采取行动［EB/OL］.（2019-02-12）［2019-03-12］. http://world.people.com.cn/n1/2019/0212/c1002-30637566.html.

② 《2020年全国未成年人互联网使用情况研究报告》发布［J］. 国家图书馆学刊，2021，30（4）：13.

《2020年全国未成年人互联网使用情况研究报告》指出，11.9%的家长严格禁止孩子上网娱乐，24.7%的家长表示自己对互联网存在依赖心理。对此，家长应明确，未成年人网络保护不仅在于限制，还在于强化引导。父母应以身作则，做好表率，加强网络教育，同时融入、引导未成年人的网络生活，从而取得良好的矫治效果。

（三）强化学校作为，使网络教育从规范到取得实效

学校是未成年人网络保护的重要基地，决定着未成年人网络教育的水平和性质。针对学生年龄结构、知识接受程度、触网状况的不同，学校应结合未成年人网络保护的实际工作，增强教育引导的实效性。首先，教师是教育引导的主力，教育部出台的行业标准《教师数字素养》旨在提升教师的网络素养。其次，学校应当开设专门课程，把网络保护纳入思想政治教育全过程，引导未成年人正确上网用网，提高自我保护能力，为未成年人网络保护保驾护航。

（四）强化企业担当，用技术改善网络环境

互联网是未成年人了解社会的主要窗口，互联网企业完善未成年人上网的保护功能与机制是减小其上网不良影响的有效手段。数字化时代，普惠的互联网产品已经不缺少优秀的内容供给者，随着网络技术的升级换代，让技术服务于未成年人网络保护成为企业的担当。对此，联合国儿童基金会驻华代表芮

心月建议通过技术手段，保障未成年人合理使用网络。互联网企业要不断进行技术研发，探索利用人工智能技术为未成年人打造健康友好的网络环境，促进未成年人网络保护政策的实施与落地，使未成年人成为积极的"数字公民"。

（五）强化部门监管，使网络管理更加科学有效

监管部门是未成年人网络保护的关键力量，具有系统性、普及性、强制性等管理优势。移动互联网时代，青少年网络沉迷具有多场景化特点，包括直播打赏、网络游戏、云上社交等，网络暴力不易察觉，不良信息层出不穷，一味地防堵与限制，不能满足信息化时代人才培养的客观要求，且网络监管涉及多方主体、多层内容，因此监管需多方协同合作。在2019年未成年人网络保护研讨会"未成年人互联网使用与保护"专场上，各位专家、学者就如何应对互联网的风险与挑战给出建议，从防堵到疏导，逐步打破部门间壁垒，明确监管责任，提高监管效率，探索未成年人网络保护工作的更优路径。

（六）强化法律保障，使网络保护从督促到健全立法

法律是未成年人网络保护的重要屏障，可以纠正异质社会思潮下对未成年人社会主义核心价值观的曲解，重聚网络保护的凝聚力和影响力。在先后举办的四届未成年人网络保护研讨会上，针对未成年人网络空间不良信息、平台乱象做了全面、细致、系统的

总结与回应，更加关注法律对未成年人网络保护的落地实施。新修订的《中华人民共和国未成年人保护法》增设"网络保护"专章，用法律为未成年网民构筑起"线上"保护屏障。2023年未成年人网络保护研讨会更以"崇法善治 E路护苗"为主题召开。对此，政府主管部门应当密切关注网络治理的薄弱环节，健全立法保障，建立政府主导、社会参与的工作机制，及时处理违法违规行为，进一步落地实施相关条例。

结　语

未成年人处于"拔节孕穗"的关键时期，社会各界对未成年人网络保护给予了极大关切。未成年人网络保护研讨会围绕未成年人网络保护发布多方倡议，探索未成年人网络保护多方责任。2022年未成年人网络保护研讨会上成立的中国网络社会组织联合会未成年人网络保护专业委员会，承诺将从搭建交流平台、加强行业自律、组织公益活动、加强普法宣传、架起联系桥梁、做好社会服务等六个方面持续推进未成年人网络保护工作。

道阻且长，行则将至，网络保护不能毕其功于一役。在习近平总书记网络强国重要思想的指导下，通过线上、线下联动，社会各界各司其职、形成合力，积极推进社会主义事业接班人的"护苗"行动。

作者简介：

任静，北京联合大学应用文理学院2021级硕士研究生。

异化与回归：自媒体短视频时代的青少年网络素养建设

田维钢　杨　柳

[摘要] 在自媒体短视频时代，网络内容呈现出价值冗杂的特征，作为网络使用一大主体的青少年，在不良内容的影响下面临价值异化的风险。在此背景下，青少年网络素养培育体系的系统化建设是有效帮助青少年用户规避风险的首要途径。本文以自媒体短视频时代下的网络环境为背景，以自媒体短视频中的不良内容为案例，厘清不良内容短视频的主要呈现形式，分析此类短视频对青少年价值异化的潜在风险，提出多主体在自上而下建设青少年网络素养培育体系中的协同性作用和建设路径。

[关键词] 青少年；网络素养；自媒体短视频；网络环境

自媒体短视频时代，即指在短视频内容逐步成为主流信息分发和获取渠道的趋势下，以个人为发布主体的自媒体短视频内容大量繁殖生长、充斥网络空间，并成为网络用户重要信息获取渠道的当下时代。在此背景下，个人话语权提升，情感价值表达渠道被拓宽，以视频信息为载体的价值传递呈现冗杂化发展态势，网络媒介环境被不断重构，推动着年轻化网络用户的价值体系变迁。一方面，难以被法律规制的不良内容短视频混杂在内容优质的短视频中不断输送给受众。另一方面，在短视频内容不断下沉、互联网使用主体不断年轻化的当下，青少年正逐渐成为网络使用的主体，成为不良内容短视频的主要接触主体。在潜移默化的价值侵蚀下，青少年接受着不良内容对其进行的从认知到行为模式的影响，面临着成为价值异化主体的社会性风险。这一现实状况呼唤网络净化行动的强化，在长远意义上更需要多社会主体对青少年网络素养培育的高度重视和迅速推行。

一、价值冗杂：自媒体短视频时代的网络环境

在自媒体短视频产业蓬勃发展的当下，个人话语权的提升极大拓宽了个体的价值表

达渠道，短视频的繁荣不断重构着网络媒介环境，并将影响延伸至现实生活，潜移默化地推动着网络用户的价值观体系变迁。随着用户规模的扩大，自媒体短视频的数量急剧增加，不良内容短视频逐渐在网络空间聚集，在社交网络"病毒式"传播的助力下，大量不良内容短视频的聚集容易侵蚀社会主流价值观。在青少年网民占比近20%的互联网上，这些不良内容必定会对三观尚未稳定的青少年用户产生不可估量的负面影响。

自媒体短视频产业发展至今，在政府和平台的治理下，明显违反法律法规的自媒体短视频内容目前已经很少出现。但随着媒介技术的发展革新，短视频与各行各业的联系持续深化，新的短视频内容生产方式和传播现象不断涌现。在法律法规未能触及的领域，仍存在大量侵蚀主流价值观的不良内容。在这部分内容中，三俗短视频、虚假短视频、违法违规短视频三大类不良内容短视频覆盖范围最广，极易对青少年用户产生难以消除的不良影响。

（一）三俗短视频：深远静默的价值侵蚀

三俗短视频指的是其内容传达三俗文化的短视频。三俗文化指满足人的低级趣味、病态审美需求和本能感性欲望的文化，主要包括色情文化、假丑文化、恶搞文化、暴露文化、迷信文化和粗鄙文化等。[①]目前，短视频领域的三俗内容主要分为三类：庸俗短

---

① 孙秋英，涂可国.论"三俗文化"及其社会治理 [J].山东社会科学，2020（9）：156-161.

视频、低俗短视频以及媚俗短视频。这三类短视频所体现的三俗特征不仅来自其视频文本本身，还体现在短视频传播中所衍生出的一系列行为动作、语言符号等。一些自媒体博主的短视频可能兼具多种三俗内容的特征。如曾风靡快手平台的"喊麦""社会摇"，抖音平台的"郭老师"，早孕青少年网红、富二代、擦边球等。这些网红及内容以三俗行为博取关注，以低级内容承载偏离主流核心的价值观。三俗短视频虽然不会直接侵犯他人的具体权益，但它的影响是深远且静默的。对于青少年而言，三俗短视频尤其会对其价值观培养带来不良影响，存在消解背离主流文化的负面效应。

（二）虚假短视频：刻意模糊虚实界限

虚假短视频，顾名思义就是形式或者内容虚假的短视频。短视频造假，从手法上可分为技术造假和内容造假。所谓技术造假，指的是通过声画剪辑技巧、特效技术等手段制作出表达虚假含义的短视频。短视频创作者在一定事实的基础上，通过添加元素或者虚构情节吸引网民好奇心。所谓内容造假，指短视频文本所提供的信息与事实不符，指称的事实子虚乌有。基于不同的短视频题材，内容造假主要分为剧本摆拍、虚假科普、虚假广告、虚假新闻。剧本摆拍类短视频一般有剧本、演员，短视频作者通过较为专业的拍摄手法和贴近现实的故事情节，制造意外、反差和反转，以吸引观众注意。这类短视频模糊虚拟与现实的边界，在信息传递和知识输出环节将虚假内容混杂至信息流中。青少

年使用短视频平台获取知识或事实信息时，难以辨别真与假的界限，从而吸纳虚假的信息。

（三）违法违规短视频：走向淡化的规则意识

违法违规短视频指短视频作者的创作传播行为或短视频中的人物行为违反法律法规的短视频。记录分享日常生活是短视频应用最广泛的功能之一，但短视频中的言行可能会违反相关法律法规。有的短视频作者为了博取流量，故意拍摄违反法律法规的行为。例如，拍摄自己闯红灯，驾车时手松开方向盘等，这些行为违反了交通法。再如，低龄生子的早孕网红，其行为违反了《中华人民共和国人口与计划生育法》。此类违法违规内容的生产与传播，会使以所获取信息为行为参照的青少年受众的法律法规意识被淡化，将视频中的违法违规内容引入现实行为习惯中。

二、价值异化：自媒体短视频时代不良内容对青少年的影响

如今，移动互联网技术的发展普及让网络用户呈现出显著的年轻化态势，自媒体短视频的用户也日趋年轻化，青少年一代逐渐成为自媒体短视频的重要受众群体。中国互联网络信息中心发布的第42次《中国互联网络发展状况统计报告》显示，截至2018年6月，我国未成年人的互联网总体普及率高达98.1%，57.1%的未成年人上网目的以娱乐休闲（如刷短视频、聊天交友、看八卦新闻、

玩网络游戏等）为主[①]。《青少年蓝皮书：中国未成年人互联网运用报告（2020）》显示，未成年人首次触网年龄不断降低，10岁及以下开始接触互联网的未成年人达到78%，青少年"数字原住民"的特征愈发明显。青少年网民信任互联网上的信息，整体对互联网信任度高，依赖性强，安全意识较弱。[②]

对于处在社会化过程中的青少年而言，其通过各类媒介渠道所接收到的信息是认知世界、塑造自我的重要途径，媒介提供的内容体系潜移默化地改变着受众对现实世界的认知和态度，影响着青少年处理现实事件的行为模式。由于青少年的人生观、价值观和世界观正处于不稳固的发展阶段，当媒介信息中的不良内容冗杂在优质内容中共同涌向青少年时，缺乏判断能力的青少年极易被具有煽动性和感染性特征的信息牵引，其认知方式和行为模式、价值观的塑造和道德体系的建构、辨别虚拟与现实边界的能力均会受到影响。

（一）涵化认知方式和行为模式

美国学者乔治·格伯纳（George Gerbner）在20世纪60年代提出的"涵化理论"，最早出现在电视对儿童影响问题的研究中。儿童呈现出与实际年龄不符的成人化与暴力倾向，是因为电视媒介中不断播放的凶杀和犯罪场景潜移默化地影响了儿童的社会认知和行为

---

① 张蕊.交互涵化效应下土味短视频对城镇化留守儿童的影响［J］.现代传播（中国传媒大学学报），2019，41（5）：162-168.

② CNNIC发布青少年上网报告：渗透率近80%［J］.青年记者，2015（17）：42.

方式。[①]"涵化理论"认为，媒介信息系统所建构的图景潜移默化地涵化着受众对现实世界的认知和态度，涵化着受众的生存环境。

在短视频时代，短视频对过去的电视媒体起到替代性作用，以短平快的娱乐化内容潜移默化地"涵化"青少年受众的生活方式、行为方式和心理认知。在短视频的各类受众圈层和群体中，青少年由于自身的辨别能力和自制力较弱，对不良内容的识别能力较弱，在接触网络过程中极易被不良内容涵化其认知方式与行为模式。同时，青少年在社会化过程中对个体的自我认知和自我评价需要参照周遭世界的行为框架，通过其接收到的行为理解社会规则，试图塑造出符合短视频世界中时代潮流期许的"他我"。

不良内容短视频中摇头晃脑的"喊麦"、社会气息十足的"社会摇"、宣扬富二代生活方式的伪真实记录、靠早恋早孕走红的桥段等，基于平台提供的载体形成一种特殊的文化符号，使得辨别能力较弱的青少年成为受其负面影响的主要群体，累积为青少年受众的审美经验，并涵化着他们的认知方式和行为模式。一方面，部分青少年对不良内容视频中的行为进行模仿学习。比如，2019年，两名儿童模仿"办公室小野"用易拉罐自制爆米花导致烧伤，造成身体和心理上的双重伤害。另一方面，长期接触传递错误价值观的不良内容会阻碍青少年对社会的认知和理解，也可能侵犯青少年的合法权益和身心健康，使其成为受害者。

---

① 张蕊.交互涵化效应下土味短视频对城镇化留守儿童的影响［J］.现代传播（中国传媒大学学报），2019，41（5）：162-168.

（二）阻碍价值观塑造和道德体系建构

青少年时期是价值观逐步塑造与趋于稳定的关键时期，也是个人心理不确定性增多的时期。不确定性的出现会强化人对外界信息的需求，通过外界信息的指引逐步建构自己的是非判断体系。同时，受处于生理发育阶段与心理尚不完全成熟等重要因素的影响，青少年在价值观判断取舍方面容易在外界影响下摇摆不定，走入迷局，极易跟风模仿不良内容短视频中的不良行为乃至危险行为。这些易被模仿的不良短视频内容的传播容易导致青少年迷失自我，影响青少年的价值观认知和道德体系建构。

大量不良内容短视频具有煽情化、情绪化、娱乐化的特征，容易吸引眼球、博得关注，往往在所属品类中具有良好的市场效应。在市场回报的驱使下，不良内容生产者不断产出同类内容。此类内容的聚集堆叠，极易激起判断能力缺失的青少年受众的非理性情绪，被视频中传递的情绪化价值观牵引。在短视频平台算法机制的加持下，同质内容重复推送，信息茧房不断构筑，不良情绪和观点的复制传播形成了回音壁效应，重复裹挟着青少年受众，塑造着青少年的价值取向，消解着主流价值体系，冲击主流价值观，淡化社会责任感。

（三）沉浸拟态环境，模糊虚实边界

短视频应用的设计往往致力于降低用户获取信息的成本，如抖音采取强推送模式，打开应用即可播放平台推荐的视频，用户只需进行简单的下滑操作即可无限制观看短视频，极易为用户构建沉浸式观看的虚拟空间；快手的页面则采用阵列分布模式，多种多样的视频作品被呈现在用户面前，供用户自主挑选，而观看同类视频的频次达到一定程度后，平台在后续推荐中便会向用户的偏好靠拢。长此以往，短视频世界构筑的拟态环境对现实世界的感知起到替代性作用，时间和空间的存在被用户模糊甚至忽视。

用户长时间接触包含不良内容的自媒体短视频，很容易对社会真实情况产生错误判断或认知偏差，无法分辨短视频拟态环境与现实社会的差异，误将短视频中为获取流量而刻意夸大或片面显示的内容视为现实世界的真实样态。如以未成年早恋早婚、未婚先孕为噱头进行拍摄的短视频，向青少年宣扬不良的性观念；以社会气息十足的校园团伙、称兄道弟为内容的短视频，宣扬不良交友习气，让青少年暴露在暴力血腥信息、聚众斗殴、校园欺凌等畸形现象中。从塔尔德的"模仿律"理论与网络模仿行为综合来看，短视频不良内容让社会化过程中的青少年在好奇心等因素的驱使下将此类信息作为现实行为的参照，模糊虚拟与现实的边界，极易盲目效仿，对心智未完全成熟的青少年造成极大危害。

三、价值归位：短视频时代青少年网络素养的培育路径

在自媒体短视频时代，价值冗杂的不良内容的影响不可忽视。不良内容的不断积聚必然导致部分青少年受众的价值异化。青少年是我国网民的重要主体，更是文明社会建设的主力成员，青少年的价值观塑造不仅影响个人成长发展轨迹，而且直接关系到整个中国社会在数字时代的文明表现。因此，青少年的网络意识培养、网络使用习惯和网络内容辨识能力必须得到重视，应将青少年网络素养培育进行政策化和体系化的系统建设。

美国学者霍华德·莱茵戈德（Howard Rheingold）在《网络素养——数字公民、集体智慧和联网的力量》一书中将网络素养定义为技能和社交能力的结合，注意力、垃圾识别、参与、协作、网络智慧人是网络素养的五个组成部分。2017年，我国学者在此基础上进一步完善了网络素养的概念范畴，指出网络素养的养成逻辑可以从"认知：从网络接触习惯到注意力管理""观念：从价值情感取向到批判性思维""行为：从网络媒介参与到协同合作"三个层面进行理解和推进。[①] 2020年，学者在梳理我国网络素养研究历程的基础上进一步从内容成分上将网络素养的内涵细化为网络知识、辩证思维、自我管理、自我发展、社会交互五个部分，总体而言，网络素养是指个体网络生存与发展的综合素质。[②]

在网络素养教育实践中，我国的网络素养教育和服务相对比较滞后，对网络素养的教育体系和内容资源建设还处于分散且零碎

① 喻国明，赵睿.网络素养：概念演进、基本内涵及养成的操作性逻辑——试论习总书记关于"培育中国好网民"的理论基础[J].新闻战线，2017（3）：43-46.
② 王伟军，王玮，郝新秀，等.网络时代的核心素养：从信息素养到网络素养[J].图书与情报，2020（4）：45-55，78.

的状态。在网络环境更为复杂、内容价值构成更加冗杂、准入门槛低下的当下，青少年的网络素养教育需从边缘位置进入主流视野，通过政府、平台、学校、家庭、青少年自身等多个主体的重视与制度共建，逐步实现青少年网络素养培育的体系化建设。与此同时，政府与平台需通过对网络中不良内容的治理和清除，为青少年提供健康良好的网络环境。

（一）政府：青少年网络素养培育体系的建设与完善

网络空间具有显著的公共性特征，具有开放性、多元性的社会化场域属性。规避网络不良内容对青少年的负面涵化影响，开展网络素养培育的当务之急是营造清朗的网络空间，加强系统性的网络内容建设。在这一过程中，作为网络环境治理主导性主体的政府机构需发挥不可替代的宏观调控和统筹管理作用。目前网络视频领域的政策监管主要包括法律《中华人民共和国网络安全法》、行政法规《互联网信息服务管理办法》、行业规范手册《互联网视听节目服务管理规定》等，而在不良内容的细化处理规制上，多依靠平台自身制定的管理办法。在法律尚未能触及的地带，不良内容还在繁衍进化，混杂在建设清朗网络环境的过程中，给互联网信息使用者带来负面信息接触风险。这要求政府机构不断加大网络内容建设和管理力度，在短视频生产和传播领域逐步深入规范、细化引导。

在生产端，政府通过治理手段的推进，逐步消除不良内容的潜在风险。在接收端，

针对网络使用主体青少年，网络素养培育体系建设需提上日程。网络素养培育是一项系统化工程，在网络迅速发展的当下更需要从上到下将其纳入社会运行体系中。2018年，教育部办公厅发布了《教育部办公厅关于做好预防中小学生沉迷网络教育引导工作的紧急通知》。2020年修订的《中华人民共和国未成年人保护法》增设了"网络保护"专章。这表明，政府对未成年人网络使用与保护的重视，但在具体政策的实施上仍有所欠缺。在政府层面，需在社会主义核心价值观的引领下明确青少年价值体系的正向引导任务，通过政策法规手段明确规定各部门在网络素养培育体系建设中应扮演的角色，对教育部门、网络管理部门提出课程体系建设和管理措施制定的具体要求，督促相关部门将网络素养教育层层落实到社会、学校、家庭、个人主体上，对青少年价值观塑造给予足够的重视。

（二）平台：使用规范的强化与正向引导机制的建构

网络平台作为内容的集成者和分发者，对内容建设负有主要责任。2019年1月9日，中国网络视听节目服务协会发布《网络短视频平台管理规范》《网络短视频内容审核标准细则》，对网络短视频平台提出责任要求，网络短视频实行先审后播制，不断深入强化互联网短视频平台作为"第一把关人"的意识，促使平台逐步完善自身监管机制与治理体系。在青少年用户使用规范上，平台多采用"未成年模式"来实现接触环节的规范，限制接触内容类别、接触时间和直播功能等，这是一

种禁止型手段的运用。但在实际应用中，仍有部分内容（如"擦边球"内容）能够被青少年无障碍获取，现有的限制手段并不能完全甄别和管控不良内容。

从网络素养的内涵入手，平台除了在接触环节进行技术投入，还应关注青少年使用习惯和注意力管理的培养，避免沉浸模式的长时间使用对青少年自制能力和辨别能力的削弱，培养其自主选择接收高价值性内容的习惯；在使用观念上，应帮助青少年从情感判断的惯性向批判性思维模式转变，针对青少年设置特殊算法，减少煽情性和情感刺激性内容的重复推送，引导其理性思考；同时，应将青少年引导纳入平台共建的多主体协同治理体系中，通过鼓励手段引导青少年针对平台中的不良内容做出自主判断和举报动作，使其成为平台治理的重要主体，在这一过程中引导青少年用户的价值观正向化培育。

（三）家校：相关课程的纳入和教育者素养的提升

学校是青少年教育实行的主阵地，理应成为青少年网络素养教育的关键主体。《中国青少年网络素养绿皮书（2017）》调查显示，在学校因素中，学校开设相关课程、教师使用多媒体的频率对青少年网络素养有显著的正向影响。[①]因此，学校作为一大教育主体，需在义务教育的初始阶段将网络素养教育正式纳入课程体系，根据学生教育发展阶段，逐步从认知、观念、行为层面对青少年开展

---

① 刘广浩.新媒体语境下青少年媒介素养的提升[J].黑河学刊，2021（3）：64-67.

网络素养培育。在认知上，通过完善的课程体系传授网络知识，培育青少年对网络社会公共性价值的认知，培养正确的网络使用习惯和注意力管理能力；在观念上，要重视对批判性思维的培养和训练，帮助青少年养成自主思考、理性判断的思维习惯，使其能够自主判断网络内容的优劣性；在行为上，重视青少年的自我管理和自我发展能力，使其具备媒介参与者和协同合作者意识。更为重要的是，在网络素养培育中逐步培育青少年公共文明伦理的内在尺度，当青少年接触繁杂的网络内容时，能够自主衡量、自我限制。

家庭是青少年教育的另一重要场域。青少年将学习模仿作为建构自我行为模式的重要方式，而家庭中的教育者对青少年网络素养的培育是在潜移默化、以身作则的过程中进行的。因此，家庭中的教育者必须提升自身的网络素养，具备相应的网络知识、辩证思维、健康的网络使用习惯，能够对网络内容进行独立、理性的批判性思考，这样才能引导青少年正确使用网络。

（四）个体：网络使用规范的遵守和自我主体意识的培养

在网络使用过程中，用户并非被动接受的无意识个体，而是能够对信息内容做出个人判断，并在此基础上进行选择性接受的主体。这种判断能力和思维意识，需要在接触网络之前和网络使用过程中不断习得。在各类他者教育之外，青少年是自我教育、自我发展的主体。青少年用户要意识到网络环境的复杂性和其中价值内容的冗杂性，认知到

并非在网络中传播的所有内容都是正向的，而是有大量无意义信息和有害信息混杂其中。在此基础上，青少年用户获得对信息的判断能力和辨识能力，在面对煽情化或情绪化信息时，养成先进行批判性思考的习惯，对信息的虚实程度做出自我判断，而非一味跟随内容发布者的引导性信息进行思考，划清虚拟与现实之间的界限，坚定正向价值观。青少年用户要将自身视为健康网络环境建设的重要主体，面对不良内容要有责任意识，善用举报手段发挥自身作用。此外，青少年用户应该提高自我教育意识，充分利用网络资源进行自我提升，将网络作为知识获取的重要渠道，减少娱乐性内容对自己时间、精力的侵占。

结　语

青少年网络素养培育体系的系统化建设，源自现实的呼唤，面向长远的未来，对我国青少年价值观的塑造具有重要意义。不可忽视的是，这是一项系统性工程，需要政府、平台、学校、家庭、青少年自身等多主体的参与，需要宏观政策制定、具体行动推行、价值体系建构等自上而下的全面配合。唯有多元主体在意识与行动上均重视青少年网络素养培育，才能帮助青少年在冗杂的网络环境中培养良好的网络使用能力，规避不良网络内容带来的价值异化风险，保障青少年价值体系的正向建立。

作者简介：

田维钢，中国传媒大学电视学院教授、博士生导师。

杨柳，中国传媒大学电视学院硕士研究生。

老年群体网络素养提升路径探究

庞　亮　王伟鲜

[摘要] 当前，社会整体进入全媒体时代，在线化的趋势不断加速，信息领域发生革命性变化，大众尤其是老年群体的网络素养提升成为不容忽视的问题。然而，改善老年群体上网用网状况，面临着适老化改造步伐缓慢、网络安全风险不断加大、老龄化建设维度较单一等诸多困境。为此，政府、企业以及社会各界应责任共担，协同助力老年群体网络素养提升，构筑起一个老年友好型信息社会。

[关键词] 全媒体时代；老年群体；网络素养

一、问题的提出

1994年，我国正式接入互联网。从以信息整合与搜索为主要特征的Web1.0到吸引用户广泛参与的Web2.0，再到如今"集数据整合、个性设置、用户体验与模块定制"[①]于一身的Web3.0，计算机网络技术在近30年的时间里不断更新与迭代，已深刻嵌入整个人类现代社会运行系统。近些年，以人工智能为核心的媒体智能技术更是直接串联起数字技术、网络技术及移动通信技术，让媒体在实现自我进化的同时革新了整个社会信息交流系统，从而推动人与技术的互动关系的重塑。在互联网发展早期，大众的能动性较差，主要以简单的学习操作为主，信息接受的形式相对被动。随着技术迭代，从"受者"到"用户"的转向让大众拥有了更大的网络自主权。然而，互联网技术整体的发展趋势实则是无数微观个体用网状况的集合，不同的人群在介入网络的时机、能力以及程度上都会呈现出较大差异。为了对这一现象展开深入研究，为了提升现代化信息社会水平，网络素养研究由此走入学界视野。

网络素养指人们依据当前自身和社会发

[①] 徐璐，曹三省，毕雯婧，等. Web2.0技术应用及Web3.0发展趋势 [J].中国传媒科技，2008（5）：50-52.

展的需要，在网络上获取特定的信息并加以处理、评估、利用、创造，以协助个体解决相关问题和提升人类生活品质的能力。[①]当前对网络素养的研究已经较为丰富，研究范围为教育、新闻与传媒、政治学、社会学乃至计算机技术及应用等领域，研究对象虽然逐渐延伸到除学生群体外的媒体、党政干部、军人、农民等，但绝大部分研究仍围绕大中小学生展开，重点关注网络素养的培育工作。社会整体进入全媒体时代，各行业各领域都在经历着深刻的转型与重构。其中，信息领域发生的革命性变化尤为突出。人们对信息网络技术的掌握与使用，极大程度上决定了其现在以及未来生活甚至生存的质量。为此，大众网络素养的培育与提升成为不容忽视的问题。

中国互联网络信息中心发布的第49次《中国互联网络发展状况统计报告》显示，截至2021年12月，我国非网民规模达3.82亿，其中以60岁及以上老年群体为主，占非网民总体的比例为39.4%，较全国60岁及以上人口比例高出20个百分点。[②]长期以来，由于信息科技的飞速发展、适老化改造步伐较缓，加之自身学习意愿和能力有限等，老年人被称作"数字难民"（Digital Refugees），成为当代信息社会的标出项，老年群体的网络素养问题被极大地边缘化。尤其是各种业务的电子

---

① 耿益群，阮艳.我国网络素养研究现状及特点分析［J］.现代传播（中国传媒大学学报），2013，35（1）：122-126.
② CNNIC：2022年第49次中国互联网络发展状况统计报告［EB/OL］.（2022-03-19）.https://finance.sina.com.cn/tech/2022-03-19/doc-imcwiwss6875143. shtml.

化、在线化极大地干扰了老年群体的正常生活。例如，出行不便的老年人打车难，导致"老人买菜难"的手机APP与团购群，以及非接触式挂号、扫码支付等都成为老年群体面临的新问题。为了有效改善老年群体在全媒体时代的生活现状，提升广大老年人的安全感与幸福感，本文以网络素养研究视角，试探讨老年群体的网络素养提升之道。

二、提升老年群体网络素养面临的困境

（一）网络安全隐患和风险与日俱增

信息革命是人类社会发展的第三次浪潮。互联网技术已成为社会进步与发展的重要动力，社会各行业、各领域都离不开互联网技术的支持。然而，互联网具有的开放性、匿名性、自由性以及复杂性等特质使网络空间在一定程度上成为监管难度巨大的法外之地。一些别有用心的犯罪分子借用网络行不法之事，如通过病毒入侵电脑系统以窃取他人的个人信息、私密文件等，对个人隐私保护造成极大的威胁。同时，互联网上的信息庞杂海量，质量参差不齐、鱼龙混杂，为传统犯罪网络化制造了有利条件，如网络诈骗分子传播散布谎言、谣言，让本就屡禁不止的诈骗防治形势进一步严峻。正是因为网络信息安全时刻面临着高隐患与高风险，网络素养培育的另一面向即是提升对网络攻击的应急处理能力、对个人隐私的保护能力以及对虚假信息的辨别能力等。然而，这些能力的学习和掌握对老年群体而言难度较大，这是当

前网络素养培育工作的难点与痛点，也是被忽略的边缘点。

目前，各种新型窃取私人信息与网络诈骗手段层出不穷，传统犯罪网络化呈现出新的趋势。概括来说，按照行为主体的差异，常见的较为普遍的窃取信息与网络诈骗的行为有以下几种：一是冒充某类工作人员类诈骗。这一类诈骗最常见，犯罪分子会通过短信嗅探技术实时获取用户手机短信内容，并进一步利用各大网站和移动客户端的漏洞窃取信息，然后伪装成工作人员，要求受害人提供联系方式、身份证号码及银行卡等相关信息，从而盗取受害者银行卡内资金。二是冒充熟人类诈骗。犯罪分子先谎称可以代购某类商品以及米面粮油等生活必需品，等钱款到账后迅速溜之大吉。三是犯罪分子冒充慈善机构或民政部门，向用户发送献爱心服务的虚假信息或搭建虚假官方网站，利用群众的同情心骗取捐款。此外，冒充保险、通信、投资理财等行业工作人员进行诈骗的传统套路仍屡见不鲜。这些新旧交织的窃取信息与网络诈骗手段，让大众尤其是老年群体的"触网"暴露在更大的风险中。尽管很多犯罪分子的行骗方式错漏百出、并不高明，但老年人的网络素养普遍不高，对虚假信息的辨别能力较弱，对相关的新型电子产品与信息的学习、理解不到位，加之犯罪分子利用老年人的恐慌心理，很容易成功诈骗。

（二）适老化改造未跟上时代步伐

培育或提升网络素养的首要任务是解决网络使用障碍的问题。20世纪90年代，国外就已经开始关注并致力于信息无障碍的推行。我国虽起步稍晚，但也于21世纪初开始了信息无障碍建设。国内首次正式提出信息无障碍的概念是在2004年10月举办的"首届中国信息无障碍论坛"上。信息无障碍指公共传媒应使听力、言语和视力残疾者能够无障碍地获得信息与进行信息交流[①]，大致包括两方面的建设：一是物理环境的无障碍建设，包括信息服务基础设施建设和传统基础设施的数字化改造等；二是虚拟空间的无障碍建设，包括对互联网网站与移动互联网应用客户端等的改造。2020年底，为进一步解决老年人、残疾人等特殊群体在使用互联网等智能技术时遇到的问题与困难，推动建立起更加人性化的信息社会，工业和信息化部发布《互联网应用适老化及无障碍改造专项行动方案》，提出了"适老化及无障碍改造"，并从2021年1月起在全国范围内组织开展相应专项行动。适老化及无障碍改造特指信息无障碍在互联网端的应用，是对虚拟空间无障碍建设的进一步强化，主要包括对网站与移动应用的改造，如推动大字体、大图标、高对比度文字等功能特点以及界面简单、操作方便等功能模式的开发等。

由于适老化及无障碍改造正式介入时机较晚，很多企业目前的无障碍设计并未做到充分人性化，主要体现在入口隐蔽、设计敷衍、运行环境不纯净等问题上。中国互联网络信息中心调查显示，包括老年人在内的非

① 信息无障碍［EB/OL］.［2023-05-03］.https://baike.baidu.com/item/%E4%BF%A1%E6%81%AF%E6%97%A0%E9%9A%9C%E7%A2%8D/7762369?fr=aladdin.

网民群体中，25.6%的人群因为线下服务网点减少而遇到业务办理困难的问题，此外，无法及时获取信息的人群占比23.9%，无法现金支付，买不到票、挂不上号的比例均为23.1%。在遇到特殊情况时，除了政府供给，民众多通过自发组织团购等方式购买米面粮油、瓜果蔬菜等生活必需品，但很多独居老人因为不使用网络或无法操作智能设备而无法反馈自身需求，日常生活遭受重大影响。在此背景下，如果适老化及无障碍改造不能加快推进步伐，老年群体将在未来的出行、消费、就医、办事等日常生活中遇到更多不便，不能融入智能化信息社会。

（三）老龄化建设维度仍较单一

第七次全国人口普查数据显示，目前，中国60岁及以上人口已达2.6亿人，占全国总人口的18.70%，是世界上老年人口最多的国家。其实早在1999年，我国就已提前进入老龄化社会。当时为了积极应对人口老龄化趋势，参照国际上老龄化治理的措施，我国很快将"健康老龄化"作为一项发展战略并延续至今。健康老龄化的目标是整体提高老年群体的生命长度和生活质量，在一定程度上对于维护老年人口的基本健康、提高其生活质量具有积极的社会意义，但暗含着两个消极观点：一是将老年人视为社会的负担，而非社会的宝贵财富；二是从老年人需要的视角，而非老年人的社会权利的视角来看待老年人的健康。① 后来出现的"积极老龄化"

对这一理念进行了修正与完善。世界卫生组织认为积极老龄化包含健康、参与、保障三大维度，把老年人视为一种社会资源，让其能够健康地参与社会、经济、文化与公共事务。

在积极老龄化的政策框架下，老年群体的网络素养建设工作实际也包括促进老年人社会参与，让其实现再社会化的方面。当前，我国的老龄化治理工作主要向健康与保障两方面倾斜，在老年人社会参与方面的治理力度不大。2021年11月18日，《中共中央国务院关于加强新时代老龄工作的意见》出台，进一步明确当前的老龄工作是要"促进老年人养老服务、健康服务、社会保障、社会参与、权益保障等统筹发展"。解决好老年群体与社会疏离感加深的问题，让其不仅能更好地融入社会，还能发挥新的社会价值，是摆在当前老龄工作前的一道难题。

三、提升老年群体网络素养的路径

（一）政府发挥主体作用，成立专门责任机构或部门

要做好老年群体网络素养的提升工作，政府应积极发挥主体作用，扮演好宏观调控的角色，健全并细化网络素养建设相关政策。中央及地方各级党委、政府都要高度重视并切实做好老年群体网络素养提升工作，坚持党政主要负责人亲自抓、负总责②。由于城乡老年群体在网络素养问题上面临的困境不尽

---

① 宋全成，崔瑞宁.人口高速老龄化的理论应对：从健康老龄化到积极老龄化［J］.山东社会科学，2013（4）：36-41.

② 中共中央国务院关于加强新时代老龄工作的意见［N］.人民日报，2021-11-25（1）.

相同，所以相关工作的切入点与重点应统筹兼顾，不能一以概之。长期以来，网络素养建设并非老龄工作的重点，为了将网络素养提升工作的重点任务纳入重要议事日程，有必要建立起网络素养培育及提升专门责任机构或部门，可设在全国老龄工作委员会之下，以强化网络素养建设工作统筹协调职能，加强专门机构能力建设。该机构可依托居委会、村委会以及具备服务能力的养老服务机构等，让网络素养建设工作迅速落地推广，从而根据各地具体情况有针对性地组织和协调一切网络素养建设相关事宜，让各地老年群体都求助有门、投诉有道。

具体来讲，网络素养培育及提升专门责任机构应保证做到以下几点：其一，借助全国信息网格化统筹与管理的优势，联动全国各地社区、街道以及村落进行摸底排查，掌握各地信息服务基础设施建设以及传统基础设施的数字化改造情况等，建立网络素养建设专用数据库，统一录入所有信息。其二，树立标杆，重点打造1—2个网络素养建设示范社区或村居，在示范社区村居内开展丰富的宣教工作，建立起浓厚的数字学习氛围，如设立答疑爱心专区、数字技能培训课堂、老年智慧数字实验室等，以"先学带动后学"的形式进行逐步推广。其三，成立综合指导小组，分派工作人员前往示范社区或村居进行实时协助和帮扶，确保网络素养建设工作各个链条都能积极运作。此外，该机构也可寻求教育部门牵头支持，联合有条件的学校开展老年教育，支持社会力量举办老年大学，以便加强老年网络技能培训，开展专业的网络素养教育。

（二）企业积极参与，协同助力网络素养建设

企业应在政府领导下，配合相关责任机构及部门，积极承担社会责任。不同企业可根据自身特点与定位，找准切入口，参与网络素养建设实践。

一方面，各类企业需结合疫情以来各地暴露的基础设施建设存在的问题，进行排查、改造与升级。基础电信运营商、铁塔公司应积极推动管道、杆路、机房、通信设备电力供应等基础设施的共建共享；广电企业应充分利用已有资源，结合广电5G网络、卫星直播、无线微波等技术，提高广播电视覆盖率，丰富广播电视节目的提供渠道，实现广播电视的全面覆盖[①]；技术服务提供商可以与通信企业联通、移动以及电信展开合作，协同推进基层地区网络信道、数字管理设备等硬件设施的搭建与维护，并不断测试、调整、优化方案，降低老年群体的技术接触难度。

另一方面，适老化及无障碍改造应进一步优化。一些大型互联网公司（如百度、腾讯、新浪等）应发挥带头作用，响应国家适老化及无障碍改造要求，针对老年用户降低互联网应用操作难度，实现基础的"四大"（大字体、大图标、大按钮、大音量）与"四简"（简化界面、简化结构、简化功能、简化操作）功能改造，帮助老年群体快速、安全地完成各种网络活动，尤其要满足特殊场景

---

① 《数字乡村建设指南1.0》[EB/OL].（2021-09-03）. http://www.cac.gov.cn/2021/09/03/c_1632256398120331.htm.

的应用。此外，还应积极推动老年网络社区的建设，净化网络空间，提高老年群体的网络参与度。

（三）全社会责任共担，构筑老年友好型信息生态社会

政府介入、企业参与为老年群体提供了强有力的制度和技术保障，但前文提到，老年群体在一定程度上是现代信息社会的标出项，故对网络素养的提升不能只停留在外部建设工作上，而应在更高层次上推动建立起一个老年友好型的信息生态社会，具体可分为"现实友好型环境"和"虚拟友好型环境"两个向度。

现实友好型环境的建立不仅仅指物理基础设施的无障碍化建设与完善，还要在全社会强化一种浓厚的敬老助老氛围，包括但不局限于以下几个方面。其一，加强沉浸式老年友好型社会的建立，如在医院、银行、邮政等公共场所增设语音朗读提示功能的指示牌，放置带声控导航的智慧型机器人等。其二，推出陪诊、心理援助服务，向出行不便的独居老人、孤寡老人提供获取个人医疗信息、协助购药取药、陪伴外出就医以及心理帮扶等服务。其三，可推行"数字助老月"系列活动，增设城乡"老龄信息帮扶角"等，将老年数字技能提升志愿服务纳入大中小学学生以及社会公益组织实践活动中，鼓励和帮助老人融入数字社会。

虚拟友好型环境的建立主要强调净化信息生态、营造清朗网络空间。第一，从网络内容生产的角度来看，突发事件期间，谣言、假新闻与各种负能量信息滋生蔓延，在社会上造成了恶劣影响，尤其容易给辨别能力相对较低的老年人带来信息恐慌。建设友好型网络空间，就是要始终积极培育和鼓励正能量、高品质、向上向善的网络文化与产品，推动生产与传播客观真实、观点鲜明的优质内容。第二，从网络安全角度而言，应就老年群体的用网行为进行特殊的信息保护，除了利用相关政策法规严厉打击恶意窃取老人信息和网络诈骗行为，还要加强对老人的数字风险防范教育，增强老人警惕意识和自我保护观念，引导其辨别虚假信息、判断网络犯罪行为。第三，建设友好型网络环境仅止步于对老人的保护与规制，实则是一种因噎废食的做法。因此，应在保障老人用网基本安全的基础上，做好老年娱乐、交友、影音等应用的开发及升级工作，让老人积极参与网络内容生产中，从而帮助老年群体跨越数字鸿沟，增强老年群体在友好型网络空间的获得感、幸福感与满足感。

总的说来，在全媒体时代下，一个开放包容、欣欣向荣的信息网络生态的建立离不开对老年群体的关照。这是一项长期的系统性工程，需全社会多方主体责任共担，时刻坚持以人为本，广泛汇聚向上向善力量。

作者简介：

庞亮，中国传媒大学研究员、博士生导师，山西传媒学院副校长。

王伟鲜，中国传媒大学电视学院博士生。

"玩中学"：北京市中学生网络游戏素养现状调查*

高胤丰　杜　雅

[摘要]在信息时代，电子游戏不仅成为一种娱乐方式，而且成为一种生活和学习方式，深度渗透青少年的日常生活，并比以往任何事物都更具互动性和沉浸感。网络游戏素养是网络素养基于游戏世代衍生的重要分支，包括"输入"与"输出"的技能，要求玩家进行积极的、批判式的体验。本文将网络游戏素养概念化为习得知识与技能、社会互动与交往、自我调节与控制、价值选择与批判，并通过混合研究方法对北京市中学生进行了探索式调查。调查结果显示，该群体只具备初级的网络游戏素养，其进一步提升需要家庭、学校、社会等多方协作，合力引导。

[关键词]北京市中学生；网络游戏；网络游戏素养

绪　论

网络游戏是我国青少年最喜爱的娱乐应用之一。随着未成年人触网年龄日趋下调，党和政府加强了对网络游戏行业的治理，以保护未成年人的健康成长。2021年8月以来，国家新闻出版署、教育部办公厅等部门先后发布了《国家新闻出版署关于进一步严格管理切实防止未成年人沉迷网络游戏的通知》《教育部办公厅等六部门关于进一步加强预防中小学生沉迷网络游戏管理工作的通知》等政策文件，严格控制未成年人网络游戏时间，预防未成年人沉迷网络游戏。2022年，咨询机构Niko Partners发布的《中国年轻玩家》（*China Youth Gamers*）报告显示，2020年中国未成年玩家约为1.22亿人，占未成年人总人数的60%。而在防沉迷新规出台后，这一比例降为40%，人数下滑至8300万人。①

* 本文系北京联合大学教育教学研究与改革项目"基于科教融合的广播电视学课程教学改革研究与实践"（项目编号：JJ2022Q001）的阶段性研究成果。

① Niko Partners.China youth gamers［EB/OL］.（2022-07-28）［2022-08-22］. https://nikopartners. com/china-youth-gamers/.

我国对网络游戏的干预政策整体呈现出实用主义风格，注重限制与审查。[①]这种保护主义范式的形成，与长期以来东亚文化对游戏的误解与偏见息息相关。网络游戏常被与许多消极后果相关联，如学业下滑、家庭冲突、社会化失败等。沉迷于电子游戏可能导致成瘾，无法控制其消费行为。[②]不少人会出现某种程度的网络游戏沉溺，导致"部分失去自我"或"时而失去自我"，使自己正常的生活状态受到干扰。[③]大众媒体中游戏青少年议题的框架也呈现负面而极端的样态，形成游戏青少年形象的污名化建构，并逐渐深入公众的潜意识[④]。

近年来，对网络游戏的认知出现了中性化、理性化的转向。一方面，媒介对网络游戏舆论场的转变开始影响青少年玩家的父母及其周遭环境，使其学习压力得以纾解。[⑤]另一方面，游戏的教育功能被逐渐探索。教育家们开始对电子游戏在教育中的作用及其在教学中的应用感兴趣。好的游戏不仅具有娱乐功能，而且是对学生的一种挑战，可以激发

其潜力，帮助其强化技能，促进其主动学习和发展，形成了埃德温·S.施耐德曼（Edwin S.Shneidman）所提的"玩一样地做事"。[⑥]

一、文献回顾

（一）游戏沉迷与青少年发展

游戏与青少年是玩家研究的重要分支。其中，青少年的游戏行为与游戏成瘾问题已成为全球公共健康问题。流行病学研究报告指出，年轻群体特别容易出现游戏和互联网相关的问题。[⑦]2013年，互联网游戏障碍（Internet Gaming Disorder，简称IGD）被列入《精神疾病诊断与统计手册》。游戏沉迷的危害及形成机制成为该领域的重要话题。

游戏沉迷会对玩家的精神健康、心理健康、身体健康、人际关系、社会关系等方面带来消极影响，甚至会使其产生对挫折缺乏抵抗性、孤僻、活动能力丧失、智力贫乏、赌博行为等。[⑧]里卡多·A.特耶罗·萨尔格罗（Ricardo A.Tejeiro Salguero）等学者从专注、耐受性、失去控制、持续性、失调、逃避、谎言、违法违规行为、对家庭和学校的扰乱

① KING D L, DELFABBRO P H, DOH Y Y, et al.Policy and prevention approaches for disordered and hazardous gaming and Internet use: an international perspective[J]. Prevention science, 2018, 19（2）: 233-249.
② 罗莫, 等.青少年电子游戏与网络成瘾[M].葛金玲, 译.上海: 上海社会科学院出版社, 2016: 14, 17.
③ 郅玉玲, 李一."网络主体困顿": 网络社会生活的隐性风险探析[J].西南民族大学学报（人文社会科学版）, 2021, 42（8）: 104-110.
④ 燕道成, 黄果.污名化: 新闻报道对网游青少年的形象建构[J].国际新闻界, 2013, 35（1）: 110-117.
⑤ 韩鑫, 束晓舒.还原理性: 网络游戏舆论场的转向[J].当代传播, 2015（4）: 49-53.

⑥ 罗莫, 等.青少年电子游戏与网络成瘾[M].葛金玲, 译.上海: 上海社会科学院出版社, 2016: 35.
⑦ FERGUSON C J, COULSON M, BARNETT J.A meta-analysis of pathological gaming prevalence and comorbidity with mental health, academic and social problems[J]. The journal of social psychology, 2011, 45（12）: 1573-1578.
⑧ 罗莫, 等.青少年电子游戏与网络成瘾[M].葛金玲, 译.上海: 上海社会科学院出版社, 2016: 17, 21-22.

等维度建构了问题游戏测量模型。①

青少年在个体社会化进程中，容易受到新鲜、未知的事物的吸引，而游戏中瑰丽奇幻的场景设计、深度沉浸的互动体验、丰富多彩的剧情设置，放大了游戏对青少年的呼唤。游戏的再现层面对于游戏吸引力有着重要的影响。在游戏过程中，青少年通过化身为虚拟人格，容易与现实社会产生偏差，引发自我同一性和角色混乱的矛盾②。而游戏所创造的世界，使得青少年可以暂时逃离现实生活中来自学校、家庭、同侪等方面的压力，并且在游戏中寻找到趣缘群体，缓解其来自现实的不安与焦虑。此外，游戏通过完成任务、社会交往等模式，帮助青少年玩家获取成就感与社会资本，获得他们在某种程度上缺失的满足感和认同感。③

（二）游戏与学习

游戏的再现动机与娱乐动机关系到游戏本体，并关系到游戏"必备的技巧、规则、竞争、数值统计和游戏目标"。④玩家通过协商，进入既定的游戏情境中，更具能动性地展开学习活动，获取不同的技能。例如，C.肖

恩·格林（C.Shawn Green）与达芙妮·巴甫利尔（Daphne Bavelier）的研究表明，游戏能够提升玩家的认知能力、视觉注意力以及空间能力等。⑤伊恩·斯宾塞（Ian Spence）与冯静（Jing Feng）的研究表明，人的记忆力将通过游戏被激发与提高。⑥

在游戏情境的建构中，游戏的学习动机被学者与游戏开发者共同认识，提出了游戏具有积极的、亲社会的倾向，能够提高玩家亲社会的思想觉悟。⑦严肃游戏的开发成为十余年来的风潮。严肃游戏强调游戏化的教育理念，以教育为目的，通过娱乐的手段提供知识的传递及应用。同时，研究者认为这种非正式的学习方式发生在玩家的日常生活中，不是把知识作为一种抽象的所有物，而是作为社会所看重的某种活动中的一种能力。⑧詹姆斯·保罗·吉（James Paul Gee）曾将游戏分为"小写的游戏"（the game）与"大写的游戏"（The Game），前者特指游戏软件本身，后者还包括游戏过程中的社会交往与社会资源，通过对现实的模仿，超越游戏本身，形

① TEJEIRO SALGUERO R A, MORÁN R M B. Measuring problem video game playing in adolescents[J]. Addiction, 2002, 97(12): 1601-1606.
② 魏爽.青少年网络游戏成瘾原因分析[J].中国青年研究, 2008(10): 103-105.
③ 沈贵鹏, 侯亚萍.中学生游戏沉迷的成因及消解："存在获得感"缺失的视角[J].教学与管理, 2019(9): 75-77.
④ 卡尔, 白金汉, 伯恩, 等.电脑游戏：文本、叙事与游戏[M].丛治辰, 译.北京：北京大学出版社, 2015: 138.
⑤ GREEN C S, BAVELIER D. Effect of action video games on the spatial distribution of visuospatial attention[J]. Journal of experimental psychology: human perception and performance, 2006, 32(6): 1465-1478.
⑥ SPENCE I, FENG J. Video games and spatial cognition[J]. Review of general psychology, 2010, 14(2): 92-104.
⑦ GREITEMEYER T, OSSWALD S.Playing prosocial video games increases the accessibility of prosocial thoughts[J].The journal of social psychology, 2011, 151(2): 121-128.
⑧ 卡尔, 白金汉, 伯恩, 等.电脑游戏：文本、叙事与游戏[M].丛治辰, 译.北京：北京大学出版社, 2015: 169-170.

成思考。①

（三）网络游戏素养

游戏作为"第九艺术"②，不仅能够像文学、电影等艺术形式被读者以特定方式解读，还能够触发互动机制，通过对游戏行动的规划与选择，形成受众的"主观视角"。游戏成为一个平台，一方面通过设计引导玩家认识问题、解决问题，另一方面鼓励玩家将游戏置入更广泛的社会语境，完成对游戏的解构。詹姆斯·保罗·吉在此思路下提出了游戏素养的概念。

游戏素养强调两个方面的能力：其一是阅读游戏的能力，重点是在特定的社会文化背景下理解游戏，学习游戏环境中的符号，并主动反思设计的复杂性。这些设计既包括虚拟世界的，又包括现实世界中真实与虚拟的社交关系及身份③。其二是用游戏写作，也就是对游戏进行修改和创造，控制游戏符号系统，进行更深入的参与，最终表达自己对游戏的驾驭能力。

本文所指的网络游戏素养，是对游戏素养与网络素养挪用、结合而成的概念。网络游戏素养对青少年在网络游戏的认知、态度、

---

① 吉.游戏改变学习：游戏素养、批判性思维与未来教育［M］.孙静，译.上海：华东师范大学出版社，2018：69.

② 第九艺术是指传统八大艺术（绘画、雕刻、建筑、音乐、文学、舞蹈、戏剧、电影）之外的某种艺术形式。学者对其有不同的认定，如电视艺术、电视剧、漫画书、游戏等。本文显然倾向于游戏。——编者注

③ 吉.游戏改变学习：游戏素养、批判性思维与未来教育［M］.孙静，译.上海：华东师范大学出版社，2018：69.

行为等方面均有影响，并融通现实与网络的壁垒。通过前期文献与探索式访谈，本文对"网络游戏素养"进行概念化操作，归纳为习得知识与技能、社会互动与交往、自我调节与控制、价值选择与批判四个维度，并在北京市进行问卷设计与发放，探讨中学生群体的游戏行为及网络游戏素养情况。

问卷的设计保证了科学的合理性、结构的统一性，问卷中问题的设计充分考虑问卷结构的简洁性、调查的事实性、调查目的的明确性，以了解北京市中学生的网络游戏素养的现状。问卷采用李克特五级量表，其中1分为非常不认同，2分为不认同，3分为不一定，4分为认同，5分为非常认同。本次调查通过线上、线下相结合的方式展开，获得有效问卷329份。其中，男性为170人，占比51.67%，女性为159人，占比48.33%。初中年级为150人，高中年级为179人。接触电子游戏3年及以下者为142人，3—5年（包括5年）者为105人，5年以上者为82人。此外，本研究主要围绕游戏经验、游戏技能、游戏行为、游戏态度等方面，对15名学生（男性9人，女性6人）进行深度访谈，平均每段访谈时长30分钟。

二、中学生的网络游戏素养现状分析

（一）习得知识与技能

电子游戏要求玩家必须知道如何使用不同的游戏工具来使游戏正常运行。玩家的游戏技能包括游戏操作、设计和制作技能，以

及认知技能。这些技能体现在益智游戏、赛车游戏、策略游戏和冒险游戏中，表现为玩家在实践中收集有关战斗闯关或寻宝的所有相关信息的能力，制订和管理一个行动计划的能力，推断问题并且做出决策的能力。玩家具备了一定的游戏技能，就可以和同龄人一起发挥想象力和创造力，设计制作出创新的游戏，即善于从游戏中捕捉信息，学会思考和创造。

网络游戏不仅是一种在互联网上实现的互动娱乐形式，也是一种新的网络媒体艺术；不仅是文化、知识和人文素质教育的载体，还是开发中学生智力的新途径。在对"游戏能否帮助你掌握或巩固知识"进行打分时，超过84.19%的学生打分为3分及以上，平均分为3.8。在游戏中，中学生可以学习知识与技能，例如赛车游戏中的驾驶、冒险游戏中的手眼协调能力、探索游戏中的地理空间分布、养成游戏中的知识，并有效地利用游戏来充实自己。深度访谈对象M3提到，"从《刺客信条》中学到了不同于中国传统文化的另一个文明，学到了不同领域的知识"。可见，游戏的目的不仅仅是单纯的娱乐，游戏可以和教育内容相结合。游戏与教育的契合点不是把教育内容强加在游戏上，而是让玩家在玩游戏的同时有所收获。

在"你能够运用在游戏中学到的技能创造具有新内容的作品吗？"一题中，打分在3分及以上的学生为263人，占比79.94%，平均分为3.38。受访者熟练掌握和学习与游戏相关的设备和软件的使用、安装和更新，并能够从游戏中获取信息，围绕游戏设计、主题、思路、表现形式等提出有价值的建议和想法。

少数学生玩家开始使用原始游戏或代码，创造性地创建和分发具有新内容的作品。这种深度参与的高阶游戏素养需要学生主动去学习更多计算机技能，如视频录制与剪辑、代码编程等。在访谈中，也有受访者表明未进行进阶学习的原因，包括"所需时间长，与学业冲突"（F1）、"家里限制使用电脑的时长"（M5）、"学起来太难"（M7）等。这使得个人的学习潜力受到限制，只有对游戏极具热情者才能真正成为新观点、新思想、新知识、新成果的创造者和传播者。

（二）社会互动与交往

游戏是个人与外部世界交流互动的平台和渠道之一。它在虚拟世界中模拟现实生活，为玩家提供了一个无障碍且充满乐趣的空间，使他们在社会互动过程中不必特别在意权力距离和社会经济差距。并且在多人游戏中，玩家必须具备团队合作意识，与其他玩家交流，共同协商游戏策略，交流情感，以健康、乐观、开放、宽容、合作的心态对待同伴，游戏才能顺利进行。在青春期，大多数娱乐活动都围绕着对自我意识、社交和交流的强烈需求展开。[①] 网络游戏与移动游戏的发展不再需要家庭游戏机时代的物理在场，而是让人们通过联机的方式合作竞赛与信息交流。

在"在游戏以外，你是否通过发帖等社交活动与网友讨论游戏相关内容？"一题中，学生的平均打分为3.49分。在访谈时，被访

---

① 卡尔，白金汉，伯恩，等.电脑游戏：文本、叙事与游戏［M］.丛治辰，译.北京：北京大学出版社，2015：169.

者 F2 提到，"经常与网友联机连麦打游戏，并且加入各种游戏群，群里除了转发各种游戏信息、攻略，还经常分享日常生活"。电子游戏，尤其是角色扮演游戏和战争游戏，旨在团队协作和互动。玩家既是个人又是集体，团队玩家可以超越空间、玩家数量、地理等限制，通过"人—机—人"进行交流。有些角色扮演游戏可以同时召集数万名参与者。玩家只要按照游戏规则来玩，就可以和所有人平等地交流。在参与这些活动时，他们可以看游戏直播，听游戏解说，自己点评游戏，寻找游戏搭档，阅读或撰写攻略指南；研究一个游戏的重要价值，与游戏公会一起制定策略，为游戏写评价或创作与之相关的粉丝小说，修改游戏等。

除了同伴交流，家庭内部的关系也可以通过游戏有所改善。有受访者提到，居家学习期间，与父母共同游戏成为近年来的美好经历。"和爸妈在晚上一起玩《舞力全开》（Just Dance），既锻炼了身体，又增进了感情"（F4）；"爸爸会带我玩他那个时代的游戏"（M6）。家庭成员成为一个"游戏团体"，围观者与操纵者共同做出贡献，进行决策。这种模式发挥了"鹰架教学"模式的功能[①]，增强了家庭成员之间的合作。

（三）自我调节与控制

网络游戏素养让玩家有效区分游戏生活、虚拟成就与现实生活。玩家能够管理游

---

① 卡尔，白金汉，伯恩，等.电脑游戏：文本、叙事与游戏 [M].丛治辰，译.北京：北京大学出版社，2015：164.

戏时间，学会控制游戏行为，拥有更好的游戏心态与情感投入，能有效地欣赏、品味蕴藏在游戏中的音乐、动画、图像、视频、场景、人物、情节等各种美学元素；在游戏中能有效控制情感表达，理解虚拟世界中的物品、情感与现实世界的物品、情感存在差异，并能以一种开放、友善的心态对待游戏同伴，控制自己的情绪。

在过往研究中，有学者认为电子游戏呈现的暴力会引发玩家个体攻击性、暴力思想和过激情绪，并在网络中易做出人肉搜索、论战、骂战等网络暴力霸凌行为。在本次调查中，在对"你能够在游戏中保持理性，看淡输赢，控制情绪吗？"这一问题进行打分时，61.71% 的受访者评分为 4 分以上，认为自己有较强的自我调节能力。

目前，很多学生认为电子游戏已经成为学生放松的有效方式。课程模式的枯燥、升学考试的压力、校园文化活动缺乏，使学生对课堂不感兴趣，在电子游戏中寻求自我满足感。面对现实问题和心灵空虚，他们往往把电子游戏作为逃避和缓解的方式，在电子游戏中用游戏角色自由表达自己，通过谈判、聊天、PK、组队等方式与其他玩家交流，释放心理压力，寻求归属感和成就感。

在游戏时长方面，被调查的 81% 的中学生日均玩游戏的时间为 1 个小时以下。但是在该群体中，有 76% 的学生过去日均玩游戏的时间达到 2 小时。在新政策出台后，中学生玩游戏时长明显缩短，但是暂时无法判断当前学生能否真正有效地管理自己的游戏行为，适时、适量、适度地体验电子游戏，主动驾驭游戏，处理好学习、生活与游戏的关系。

有受访者提及使用成年人身份验证，绕开管控，既有家长主动协助，又有采用不当手段进行游戏。

（四）价值选择与批判

在电子游戏中，玩家可以带着想法与意识体验游戏，积极参与一些热门游戏的讨论，发表评论、提出建议；有机会进行系统的回顾，对自己玩过的游戏进行一次大致的呈现，提出自己的游戏创意、进行角色或剧情的分析、指出游戏设计的优缺点等。在"你能够在游戏中认清虚拟与现实的区别吗？"这一问题中，学生的平均分数高达4.27；在"你能够主动杜绝不良内容吗？"这一问题中，平均分数为3.97；在"你能够在游戏中理性且合理地消费吗？"这一问题中，平均分数为3.23。

随着游戏体验的增加，学生对游戏独特的理解、认识、推荐、分析、评价也在不断提升。学生能够从游戏中分辨出暴力或不健康的内容，有一定的免疫力；不下载或分发盗版产品或不健康的数码游戏；识别虚拟世界中的各种人和物，并有效互动，学会做出正确的选择，不参与不道德的虚拟活动。

但是中学生更容易陷入游戏运营商精心设计的消费陷阱，消费观受到影响。有受访者谈及抽卡游戏时反复提到在游戏中容易冲动"氪金"。在电子游戏中，玩家消费的虚拟财产，包括但不限于配件、角色扮演装备、虚拟角色和虚拟货币等。为了促进玩家消费，电子游戏运营商通过小时计费系统、配件计费系统和为玩家创建交易市场来鼓励和引导玩家。通过这种方式，电子游戏的消费金额显著增加，玩家的消费倾向显著提升。

三、反思与展望：中学生网络游戏素养的提升

整体看来，大部分中学生能够在游戏中习得知识，懂得运用游戏调节情感、控制情绪并且进行良好的社交，具备初级的网络游戏素养，但是并不具备更深层次参与的高阶网络游戏素养。仅有少数人能真正超越游戏，理解规则并挑战规则。提高学生的网络游戏素养以实现"玩中学"的目标，仍然是个全面、多角度、长期的过程，需要多方合力，正确引导青少年，解决现有的问题。

（一）家庭共同游戏，培养衍生兴趣

家庭教育层面对于青少年游戏防沉迷具有重要的作用。家长的陪同能够起到监督的作用，并对某些内容进行积极引导与规范使用，如对隐私和游戏互动设置规则[1]，提升青少年对游戏的判断力。正如在访谈过程中获取的案例，家长与孩子共同游戏，有利于孩子形成正确的游戏观，避免其过度游戏消费。因此，家长需要提升网络游戏素养水平，帮助孩子在媒介环境中与游戏和谐共生。

在时间分配上，家长可以根据实际情况适度延长青少年的游戏时间，特别是鼓励青少年通过代码编程、内容创作等方式，培养计算思维、游戏思维、设计思维，并且善于将游戏本体作为一种工具，培养与游戏相关

---

[1] 刘毅.青少年手机游戏成瘾研究［M］.北京：中国社会科学出版社，2020：146.

的衍生技能，获得"愉悦、创造和社会互动的机会"①。

（二）开启游戏教育，引导心流体验

学校应正视游戏的正向作用以及游戏在学生日常生活中的重要性，通过开设科学的、专业的课程，加强对青少年的游戏安全意识和价值观教育，引导青少年做出积极健康的游戏行为。学校要合理引导游戏心流体验，推动青少年健康有序地玩游戏，有效预防和减少游戏中的风险行为。②

此外，将游戏作为教学案例，从技术层面与美学层面帮助学生跳脱游戏本体，分析游戏机制中的逻辑结构，还原游戏结构化生产方式，解读游戏的艺术性与文化内涵，通过解读游戏，反哺学校教育。

（三）形成社会共识，转变游戏观念

近年来，由于游戏产业发展、电子竞技

① 冯应谦.游戏研究的国际新近趋势［M］//何威，刘梦霏.游戏研究读本.上海：华东师范大学出版社，2020：9.
② 朱丹红，黄少华.网络游戏：行为、意识与成瘾［M］.上海：上海财经大学出版社，2021：198.

战绩等，社会层面逐渐认识到游戏的积极影响。高校开设了与游戏相关的专业，这释放了社会层面对游戏认识的积极信号。然而，对于中学生群体的游戏行为，仍然在保护主义的范式下，依靠政策干预对电子游戏进行管理。

未来，政府可以进一步重视游戏对于正式学习的作用，并加大对教育游戏的支持。例如，利用电子游戏丰富优质的教育资源，尝试将人文和专业知识融入电子游戏，逐步将素质教育与电子游戏结合起来，从而激发学生的学习动机、调动其学习积极性。教育视频游戏的设计和开发是为了让青少年觉得学习类游戏非常有趣，以吸引年轻人快乐地学习，并在游戏中培养学生的网络游戏素养。同时，政府要进一步落实干预主体责任，探索实施科学、人性化的游戏适龄分级制度。

作者简介：

高胤丰，北京联合大学应用文理学院新闻与传播系讲师，博士。

杜雅，北京联合大学应用文理学院2018级网络与新媒体专业学生。

北京市通州区初中生网络素养现状研究

赵金胜　杭孝平

[摘要] 网络在当前青少年的学习生活中扮演着越来越重要的角色，因此，对于青少年网络素养的研究显得越发迫切。本文将通州区初中生作为研究主题，通过实证研究的方式来了解当前通州区初中生的网络素养水平。研究发现：第一，初中生是网络生活的积极参与者，并且网络使用基本状况良好，但仍存在一些风险；第二，初中生的网络素养量表得分总体水平较高，但仍有些极端低分题项需要注意；第三，初中生的网络素养水平与自身、所处环境的影响因素存在显著相关性。

[关键词] 初中生；网络素养；实证研究

中国互联网络信息中心发布的第51次《中国互联网络发展状况统计报告》显示，截至2022年12月，我国网民规模达10.67亿，其中10—19岁群体占比为14.3%。《2021年全国未成年人互联网使用情况研究报告》显示，2021年，我国未成年人互联网普及率达96.8%。在这个过程中，未成年人面对着愈加复杂严峻的网络环境，并且未成年人生活经验不足，辨别能力较低，易受互联网的负面影响。"饭圈"粉丝伪造流量、相互攻击等行为扰乱了正常的互联网秩序。此外，网络诈骗、网络色情等问题也对未成年人身心健康造成了不利影响。

过去几年来，国家出台了多种形式的措施，为未成年人的健康上网提供保护。2020年，新修订的《中华人民共和国未成年人保护法》增设了"网络保护"专章，提出未成年人的网络保护需要各个社会角色的参与。同年8月30日，国家新闻出版署下发《关于进一步严格管理 切实防止未成年人沉迷网络游戏的通知》。① 本次对通州区初中生日常网络活动以及相关观点进行调查了解，然后将其进行

① 张雨荷.铲除未成年人租号"幕后帮手""防沉迷"底线不容突破[EB/OL].（2021-09-30）[2022-03-19].https://ex.chinadaily.com.cn/exchange/partners/82/rss/channel/cn/columns/snl9a7/stories/WS61552eb7a3107be4979f0b19.html.

量化研究，以更直观的形式了解初中生的网络素养水平的具体情况，为未成年人的网络保护工作提供理论依据。

一、调查方案设计

（一）调查目的

本次调查主要涉及以下两项内容。

首先是描述性研究。通过编制网络素养调查问卷，了解北京市通州区初中生网络使用的一般情况以及网络素养总体水平，涉及初中生对网络的意识与认知、在网络环境中的适应与发展、网络中的参与与互动情况、对校内网络素养教育的认知和评价、互联网基本使用情况这五大部分的描述性内容。

其次是解释型研究。通过对中学生成长环境的调查，探讨未成年人的网络素养水平是否与学校、家庭、同辈存在关联，以及这种关联的具体表现。

（二）问卷设计

本次调查的问卷设计在综合分析不同学者研究的基础上，充分结合本次调查研究的需求，并且经过预测、修改后，最终编制出《北京市通州区初中生网络素养调查问卷》。

问卷共分为四个部分：第一部分为人口学变量，包括性别、年龄、父母最高学历3个问题；第二部分为初中生网络使用的基本情况调查，包括上网时长、信息获取等9个问题；第三部分为初中生网络素养水平其他影响因素的调查，包括学校、家长和同学朋友

三个角度的5个问题；第四部分为初中生网络素养水平评价量表，包括网络意识与认知、网络适应与发展、网络参与与互动三个维度，共26个问题。选项采用李克特五级量表，根据体现网络素养水平的多少从非常不符合到非常符合赋予1—5分。本研究将该量表中的26个问题的分值进行汇总，作为个体网络素养得分。分数越高，网络素养水平越高。详见表1。

表1　初中生网络素养评价量表

一级指标	二级指标
网络意识与认知	价值认同
	网络认识与认知
	信息素养
网络适应与发展	网络技能
	网络自我管理
	网络自主学习
网络参与与互动	网络规范
	网络交往
	自我保护

网络意识与认知维度主要考查初中生对网络文化的价值认同程度、对网络基础知识的理解和掌握程度、对网络重要性与两面性的认识、对信息的批判理解能力。网络适应与发展维度主要考查初中生的网络使用技能、在上网过程中的自我管理和自主学习能力。网络参与与互动维度主要考查初中生的

上网行为规范、健康网络交往以及安全上网能力。[①]

（三）抽样方案

本次抽样调查的对象为通州区初一到初三的全体初中生。首先，对全区39所初中进行随机抽样；其次，决定抽取7所初中，分别为玉桥中学、马驹桥中学、第二中学、第四中学、潞河中学、梨园学校、运河中学；再次，用定点发放问卷的办法将问卷发放到具体的学校中；最后，收集到了1457份问卷，并将问卷进行整理和筛选，剔除答题时间过短、学校不符合、极端答案等数据后，最终筛选出1279份样本，数据有效率为88%。考虑到问卷调查的可操作性，本次调查采取网络问卷的方式对抽取的中学生样本进行问卷发放。

（四）数据分析

本研究通过数据统计软件SPSS 21对收集到的数据进行分析。主要包括：1.受访初中生人口学变量频率分析及网络使用基本情况频率统计；2.初中生网络使用其他影响因素的描述分析；3.初中生网络素养评价量表的描述性统计分析；4.初中生网络素养水平与自身、学校、家庭和同辈变量之间的相关性分析。

---

① 王伟军，刘辉，王玮，等.中小学生网络素养及其评价指标体系研究［J］.华中师范大学学报（人文社会科学版），2021，60（1）：165-173.

二、受访初中生人口学变量频率分析及网络使用基本情况频率统计

（一）受访初中生人口学变量频率分析

我们根据人口学变量频率分析可以发现，受访学生的年级、性别以及父母最高学历的变量分布较为均匀，基本反映了总体情况，具有很好的代表性。调查问卷涉及受访者的年级、性别、父母最高学历等相关信息。其中，在年级分布上，初一、初二、初三学生分别占比28.70%、39.20%、32.10%。受访者在性别分布上基本持平，男生占比50.20%，女生占比49.80%。受访者父母的最高学历平均值为2.96，大专占比最高，比例为31.90%，说明大部分家长的受教育程度较高。详见表2。

表2 初中生人口学变量频率分析

变量	选项	频率	百分比	平均值	标准差
年级	初一	368	28.70%	2.03	0.78
	初二	501	39.20%		
	初三	410	32.10%		
性别	男	642	50.20%	1.50	0.50
	女	637	49.80%		
父母最高学历	初中及以下	131	10.20%	2.96	1.07
	高中	300	23.50%		
	大专	408	31.90%		
	本科	367	28.70%		
	研究生及以上	73	5.70%		

（二）受访初中生网络使用基本情况频率统计

1.上网时长统计

在工作日，70.2%的初中生上网时长小于1小时，但也有9.8%的初中生上网时长超过了2小时，过多占用了每天的学习时间，影响了正常的生活作息。在周末，学生的上网时长有了明显的增加，一半以上的初中生上网时长超过1小时，接近十分之一的学生上网时长超过4小时，存在过度沉迷网络的风险。详见图1。

2.首次拥有自己上网设备的时间统计

当前，初中生拥有属于自己的上网设备的现象已经非常普遍。据本次调查，75%的受访初中生在初中以前就拥有了自己的上网设

备，5%的学生到现在还没有属于自己的上网设备。详见图2。这说明，随着互联网的不断普及，当前家长对孩子上网的态度有所缓和，会给孩子购买专门的上网设备。会上网才会有上网设备的需求，因此，我们发现当前学生的触网时间要早于拥有设备的时间，呈现出触网低龄化的现象。

3.受防沉迷系统的影响调查

2021年8月有关部门发布关于防止未成年人沉迷网络游戏的通知以来，游戏开发商对未成年人的游戏权限进行了严格的限制。从调查中可以发现防沉迷系统的效果显著，有41.8%的学生切实感受到了防沉迷系统的限制，但仍有7.0%的学生会绕过防沉迷系统的限制，从而使自己获得更多的游戏时间。详见图3。

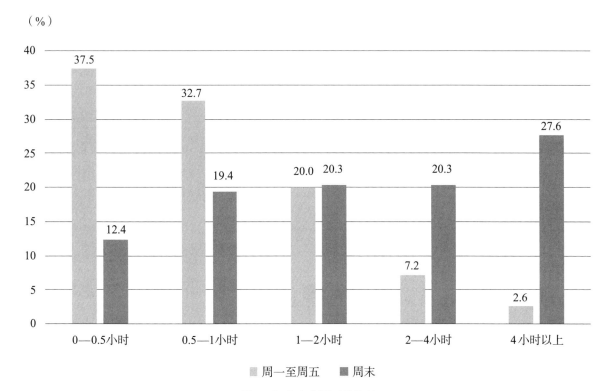

（%）

图1　初中生上网时长统计

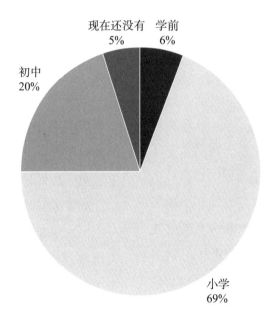

图2　初中生首次拥有自己上网设备的时间统计

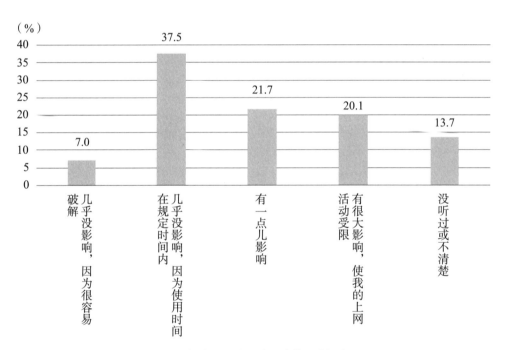

图3　初中生受防沉迷系统的影响调查

4.互联网使用知识的获取途径

当前初中生获取互联网使用知识的首要途径是自己在网上的学习与实践，占比为29.8%，次要途径是父母及其他家人的教育，占比为21.0%。另外，通过学校的电脑课、同学朋友获取互联网使用知识的比例分别为19.7%、18.7%，是初中生获取互联网使用知识不可缺少的部分。同时，电视、报纸等传统媒介在为初中生传播互联网知识方面所起的作用并不明显，仅占8.5%。详见图4。

5.近半年遭遇各类网络暴力的比例

随着近年来"净网"行动的开展，网络上的不文明现象有了显著改善。据本次调查，近半年来，81.7%的初中生未遭遇网络暴力，9.6%的初中生在网上遭到讽刺或谩骂，6.4%

的初中生在网上遭到恶意骚扰，还有2.3%的初中生个人信息被公开。详见图5。因此，我们还需要进一步开展相关的网络治理活动，并且要一以贯之，还需要加强网络文明的推广宣传以及对未成年人的心理健康保护。

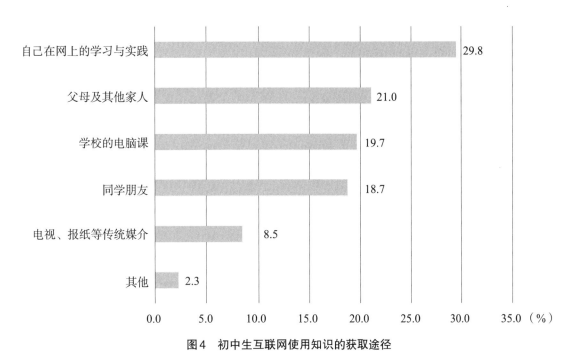

图4　初中生互联网使用知识的获取途径

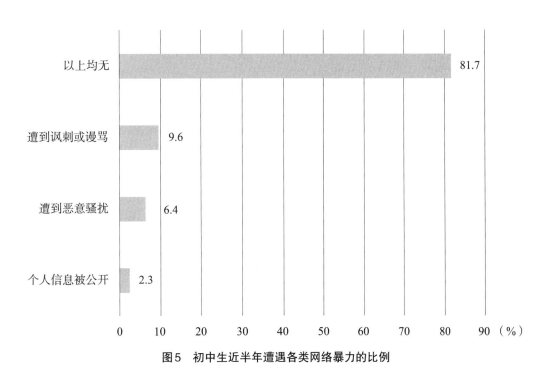

图5　初中生近半年遭遇各类网络暴力的比例

6.近半年遭遇各类网络不良信息的比例

对初中生遭遇的各类不良信息的调查显示，虽然有超过一半的学生没有遭遇过网络不良信息，但是仍有46.3%的学生遭遇过各类网络不良信息。初中正是价值观形成的关键时期，这些不良信息的泛滥影响着初中生形成正确的价值观。例如，分别占比8.2%、6.4%的"炫富""软色情"内容，是初中生面临的较大的网络风险，亟待化解。详见图6。

7.近半年遭遇各类网络安全风险的比例

调查显示，近半年来，初中生遭遇过网络安全风险的比例仅占31.4%。这一结果得益于近年来有关部门对网络违法行为的严厉打击。但仍有11.3%的初中生遭遇过账号密码泄露，8.3%的初中生遭遇过网络诈骗。详见图7。因此，有关部门除了加大对互联网违法行为的打击，还要注重初中生的网络安全教育，使其提高防范意识。

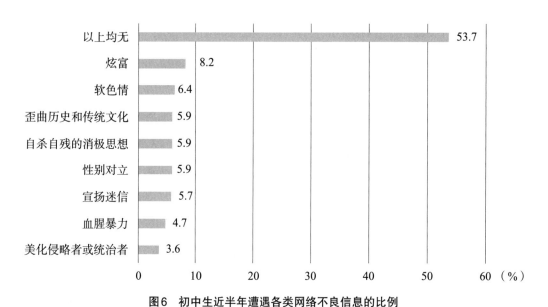

图6 初中生近半年遭遇各类网络不良信息的比例

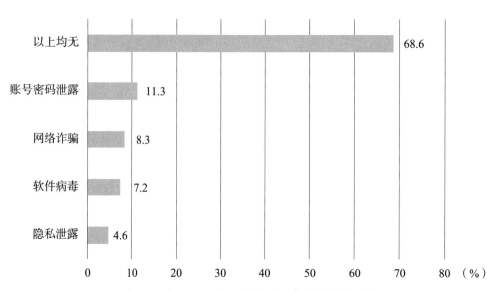

图7 初中生近半年遭遇各类网络安全风险的比例

8.上网活动的主要内容

调查显示，初中生上网活动的主要内容以休闲社交为主，听音乐占比20.6%，看短视频占比15.9%，社交聊天占比15.0%，等等。另外，初中生也会将网络当作学习的工具，15.2%的初中生会上网课，12.7%的初中生会在网上搜索信息。仅有1.7%的初中生会看网络直播，这说明看网络直播已经不再是初中生的主要娱乐方式。详见图8。

9.获取新闻信息的主要途径

互联网是初中生了解社会信息的重要窗口。我们从调查中可以发现，自媒体平台已经成为初中生获取新闻信息的主要途径，如短视频、朋友圈、微信公众号和微博等渠道，其中以短视频平台所占比例最高，达到21.9%。与此同时，初中生也会通过传统的电视新闻栏目去获取新闻信息，但这一比例仅为20.8%。详见图9。

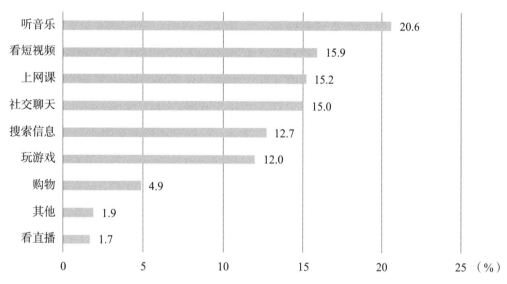

图8 初中生上网活动的主要内容

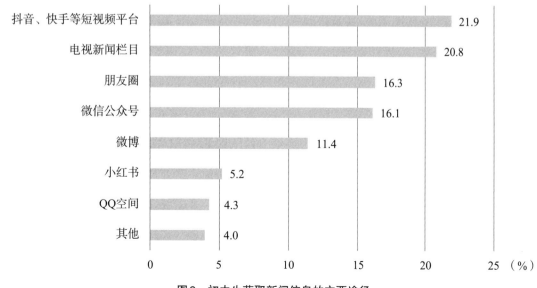

图9 初中生获取新闻信息的主要途径

三、初中生网络使用其他影响因素的描述分析

（一）学校对初中生的网络素养教育

1.学校或老师安排网络安全知识讲座的频率

通过调研学校或老师为学生安排网络安全知识讲座的频率，我们可以了解通州区中学及老师对于为学生开展网络素养教育、提高学生的网络素养水平的重视程度。我们从表3可以发现，在初中生看来，一个学期至少安排一次网络安全知识讲座的占比34.9%，每个月至少安排一次网络安全知识讲座的占比14.5%，经常会安排网络安全知识讲座的占比35.1%。这说明当前大部分通州区中学已经有意识地开展了针对学生的网络安全教育，并且开展频率总体来说比较高，每个月一次以上的占到了49.6%。同时，我们要注意到，仍有15.5%的学生表示学校或老师没有安排相关的知识讲座。

表3　学校或老师安排网络安全知识讲座的频率

选项	频率	百分比
几乎不会	198	15.5%
一个学期至少有一次	446	34.9%
每个月至少有一次	186	14.5%
经常会有	449	35.1%

2.老师对初中生的网络素养教育重视程度

通过对老师在课上教学生网络知识、软件的使用情况进行调查，我们可以了解当前的中学课堂是否将网络素养教育融入日常的教学内容中。我们从表4可以看出，老师在课上教初中生网络知识、软件的使用的现象总体上来说是比较符合的，总体均值为3.46，选择"符合"与"非常符合"的共占比50.7%。选择"一般"的占比30.4%，说明学生对于老师教授内容的主观感受不是特别强烈，老师还需要进一步强化教育。同时我们注意到，18.9%的学生认为老师没在课上进行相关知识的讲解，说明仍有部分老师认识不到网络对初中生发展的重要性，且无法将其融入日常的教学活动中。这一教学环节的缺失将极大影响初中生网络素养的进一步提升，甚至会对正常的教育活动形成阻碍。

表4　老师在课上教学生网络知识、软件的使用情况调查

选项	频率	百分比	均值	标准差
非常不符合	141	11.0%		
不符合	101	7.9%		
一般	389	30.4%	3.46	1.254
符合	326	25.5%		
非常符合	322	25.2%		

（二）父母对初中生的网络素养教育重视程度

父母的教育对初中生的学习与成长至关重要，在网络时代的今天亦是如此。通过对初中生的调研，我们可以了解父母对孩子在网络使用上的重视程度。我们从表5可以知晓父母对孩子的家庭网络素养教育现状，其总体均值为3.58，选择"符合"和"非常符合"的共占比53.7%，这说明从总体上来说，受访者的父母会倾向于对孩子进行上网指导。另

外，选择"一般"的占比31.9%，说明大部分家长对指导孩子上网并非频繁有计划地进行，以至于孩子对父母进行指导活动的感知不强。与此同时，仍有14.4%的初中生认为父母没有在其上网的过程中给予指导。这导致在孩子上网过程中家庭教育的缺位。

表5 父母对孩子进行上网指导的情况调查

选项	频率	百分比	均值	标准差
非常不符合	98	7.7%		
不符合	86	6.7%		
一般	408	31.9%	3.58	1.169
符合	349	27.3%		
非常符合	338	26.4%		

我们从表6可以了解父母对孩子日常上网习惯的规范，通过限制上网时间达到防治初中生过度沉溺网络的危害。我们从表6可以发现，通州区家长对孩子的上网时间规范程度较高，其均值为4.18，其中选择"符合"和"非常符合"的共占比79.5%，选择"非常不符合"和"不符合"的共占比4.4%。这说明大部分家长都会对孩子的日常上网时间进行规范。同时，16.1%的初中生对父母对其上网时间进行规范的感知不是很强烈。

表6 父母对孩子的上网时间进行规范情况调查

选项	频率	百分比	均值	标准差
非常不符合	37	2.9%		
不符合	19	1.5%		
一般	206	16.1%	4.18	0.953
符合	427	33.4%		
非常符合	590	46.1%		

（三）与同学、朋友进行线下互动的程度

参与群体生活是未成年人在学校学习中必要的社会需求，群体中的他人潜移默化地影响着未成年人，与同辈进行线下分享交流也是初中生学习的重要途径。社会学家查尔斯·霍顿·库利（Charles Horton Cooley）提出的"镜中我"理论认为：人的行为取决于对自我的认识，人的自我概念是在与他人的互动中形成的，他人的评价和态度是反映"自我"的一面镜子。

因此，线下与同学或朋友交流网络事物可以让初中生对自己的上网行为形成更加准确的认识。我们从表7可以看出，初中生会有与同学或朋友交流网络事物的现象，其总体均值为3.53，选择"符合"和"非常符合"的共占比51.4%，选择"非常不符合"和"不符合"的共占比11.6%。这说明大部分初中生会与同学或朋友分享上网活动。

表7 初中生与同学或朋友交流网络事物的情况调查

选项	频率	百分比	均值	标准差
非常不符合	86	6.7%		
不符合	63	4.9%		
一般	473	37.0%	3.53	1.073
符合	401	31.4%		
非常符合	256	20.0%		

四、初中生网络素养评价量表的描述性统计分析

（一）初中生网络素养评价量表总分分析

我们从表8可以看到调查结果，其中有效观察值为1279个，极大值为126，极小值为46，均值为98.39。偏度系数为-0.482，样本呈现负偏态分布，意味着分数多集中在高数值方面，说明初中生的网络素养得分高的人占比较大；峰度系数为0.534，大于0，意味着分数集中在众数附近的数值较多，分布在两侧的数值较少，形成高狭峰，说明初中生的网络素养总分分布较为集中。

表8　初中生网络素养评价量表总分分析

变量	N 统计量	极小值 统计量	极大值 统计量	均值 统计量	标准差 统计量	偏度		峰度	
						统计量	标准误	统计量	标准误
总分	1279	46	126	98.39	11.601	-0.482	0.068	0.534	0.137

（二）量表三个维度描述分析

1.量表三个维度的相关性分析

为了全面分析初中生网络素养的影响因素，本研究进行了初中生网络意识与认知、网络适应与发展以及网络参与与互动三个维度间的相关性研究。以受访者在三个维度得分的平均值为样本数据，对其相关性进行分析，所得数据如表9所示。

我们由表9可以看出，初中生网络素养评价体系的三个维度间均存在显著相关的关系。由此说明，初中生网络素养水平是一个整体，在初中生网络素养教育过程中要注意统筹兼顾，需要同时关注初中生网络意识与认知、网络适应与发展以及网络参与与互动三个方面，避免片面地强调某一方面，否则既不利于初中生网络素养的提升，又会事倍功半。

表9　网络素养量表三个维度间的相关矩阵表

变量	网络意识与认知	网络适应与发展	网络参与与互动
网络意识与认知	1	—	—
网络适应与发展	0.617**	1	—
网络参与与互动	0.584**	0.603**	1

注：** 在0.01水平（双侧）上显著相关。

2.网络意识与认知描述分析

在对初中生网络意识与认知这一变量进行测量时发现，初中生的网络意识与认知总体水平较高，其总体均值达3.67。这说明初中生对网络有着基本正确的认知与评价，包括对网络文化的价值认同程度、对网络基础知识的理解和掌握程度、对网络重要性与两面性的认识、对信息的批判理解能力。其中，"你会相信网络上的未经证实的小道消息"这一题项的得分很低，其均值为2.08，说明初中生对互联网小道消息的认知水平较低，不能对网络信息形成正确的认识，信息甄别与批判能力有待进一步提高。另外，"你会主动在网络上维护国家声誉"这一题项的得分最高，其均值高达4.64，说明初中生的爱国意识在网络上具有良好的表现，并且能够在网络上积极地维护国家的声誉与利益。详见表10。

表10　初中生网络意识与认知描述统计

题项	N	极小值	极大值	均值	标准差	总体均值
1.你会主动在网络上维护国家声誉	1279	1	5	4.64	0.78	
2.你会经常关注其他国家的网络博主的动态	1279	1	5	3.08	1.50	
3.你会关注互联网和科技发展方面的信息	1279	1	5	4.15	1.04	
4.当你察觉网络使用已经对你的学习和生活产生负面影响时，你会主动控制自己使用网络的时间	1279	1	5	4.25	0.96	3.67
5.你能够分辨清楚网络上可信和不可信的内容	1279	1	5	4.46	0.85	
6.你会相信网络上的未经证实的小道消息	1279	1	5	2.08	1.43	
7.你会质疑媒体报道的新闻	1279	1	5	3.00	1.24	

3.网络适应与发展描述分析

在对初中生网络适应与发展这一变量进行测量时发现，初中生的网络适应与发展总体水平较高，其总体均值达3.89。这说明初中生在网络上的适应能力较强，对网络使用技能的掌握程度较高，在上网过程中拥有较强的自我管理和自主学习能力。其中，"你经常发现自己在网上待的时间比你起初计划的时间要长"这一题项得分最低，平均值为3.21，低于总体均值，可以看出初中生在控制自己的上网时长方面存在一定的难度，会经常超出自己的计划时间。另外，"你能够熟练地操作手机，包括下载、注册、使用、卸载任意软件"这一题项得分最高，其均值为4.24，说明初中生对手机这个上网设备的基础操作非常熟练，而这一技能是初中生使用网络应用、进入网络世界的基本前提。详见表11。

表11 初中生网络适应与发展描述统计

题项	N	极小值	极大值	均值	标准差	总体均值
1. 你总是能选择合适的信息检索方式找到你所需要的信息	1279	1	5	4.18	0.97	
2. 你知道怎么拍摄、剪辑、发布短视频	1279	1	5	3.50	1.35	
3. 你会把搜集到的信息或资源按照自己的需求进行分类和储存	1279	1	5	3.84	1.21	
4. 你能够熟练地操作手机，包括下载、注册、使用、卸载任意软件	1279	1	5	4.24	0.99	
5. 你经常发现自己在网上待的时间比你起初计划的时间要长	1279	1	5	3.21	1.29	3.89
6. 当你受到网络上一些令人气愤的消息的影响后，你能够快速控制自己的情绪	1279	1	5	4.01	1.03	
7. 你每次上网前都会有明确的目的	1279	1	5	4.05	0.99	
8. 你会主动寻找一些适合自己的网课去学习	1279	1	5	3.74	1.13	
9. 你会在网络上寻找解决生活或学习中各种难题的办法	1279	1	5	4.21	0.89	

4. 网络参与与互动描述分析

在对初中生网络参与与互动这一变量进行测量时发现，初中生的网络参与与互动得分水平与前两个分量表相比较低。这说明初中生在网络上未能完全遵守相关的上网行为规范，安全上网的意识较弱。其中"你曾被网络平台管理者删除评论或禁言"这一题项得分均值最低，仅为1.83，意味着初中生在上网过程中存在违反平台评论以及发言规则的现象，说明部分初中生在上网过程中未能遵守网络行为规范，还需进一步学习来规范自己的上网行为。另外，"当网页弹出暴力、色情的内容时，你会立即关掉"这一题项得分最高，均值为4.50，说明初中生对网络上有害内容的警惕性很高，并且会主动杜绝接触此类内容。详见表12。

表12 初中生网络参与与互动描述统计

题项	N	极小值	极大值	均值	标准差	总体均值
1. 你曾被网络平台管理者删除评论或禁言	1279	1	5	1.83	1.32	
2. 你可以心平气和地与网友讨论某些分歧	1279	1	5	3.94	1.19	
3. 对于网络暴力行为、网络不良信息，你会选择举报	1279	1	5	4.19	1.06	3.19
4. 你觉得网络上的侵权盗版现象需要被重视	1279	1	5	4.46	0.91	
5. 你会在网上分享你生活中的点滴与感悟	1279	1	5	3.12	1.36	

续表

题项	N	极小值	极大值	均值	标准差	总体均值
6. 你会在论坛上与网友分享自己的观点与资源	1279	1	5	3.13	1.37	
7. 你会与固定的网友合作完成某项任务或作品	1279	1	5	2.84	1.39	
8. 你会参与网络上免费领现金活动	1279	1	5	1.98	1.33	3.19
9. 你会在网络上填写自己的真实信息	1279	1	5	1.92	1.26	
10. 当网页弹出暴力、色情的内容时，你会立即关掉	1279	1	5	4.50	1.04	

（三）量表信度、效度分析

1.量表三个维度的信度检验

信度系数的取值范围为0—1，越接近1可靠性越强。我们从表13可以看出，在对量表的三个维度的信度进行检验后发现，"网络意识与认知"维度的内部一致性克隆巴赫阿尔法系数为0.669，信度指标尚佳；"网络适应与发展"维度的内部一致性克隆巴赫阿尔法系数为0.766，信度高；"网络参与与互动"维度的内部一致性克隆巴赫阿尔法系数为0.754，信度同样高。

表13 量表三个维度的信度检验

维度	项数	克隆巴赫阿尔法系数
网络意识与认知	7	0.669
网络适应与发展	9	0.766
网络参与与互动	10	0.754

2.量表总体信度检验

"初中生网络素养量表"总量表共分为三个维度，共包含26个题项。其总量表的内部一致性克隆巴赫阿尔法系数为0.877，信度水平高。

3.效度分析

从表14可以看出，KMO指标值为0.915，大于0.90，表示题项变量间的关系是极佳的，题项变量间非常适合进行因素分析。此外，巴特利特球形度检验的卡方值的显著性为0.000，代表总体的相关矩阵间存在共同因素，适合进行因素分析。

表14 KMO和巴特利特球形度检验

KMO 指标值		0.915
巴特利特球形度检验	近似卡方	12138.790
	自由度	325
	显著性	0.000

五、初中生网络素养水平与自身、学校、家庭和同辈变量之间的相关性分析

（一）初中生网络素养水平与自身因素的差异性分析

1.不同性别的初中生在网络素养总分上的差异

根据独立样本t检验的结果可以看出初中

生网络素养总分在性别上的差异情况，差异显著性为0.03，小于0.05，说明不同性别的学生在网络素养的得分上有显著差异，根据均值可以看出女生的网络素养得分略高于男生。详见表15。

表15　网络素养量表总分在性别上的差异分析

性别	N	均值	标准差	均值的标准误	t 值	显著性
男生	642	97.7	12.12	0.48	−2.16	0.03
女生	637	99.1	11.02	0.44		

2.不同年级的初中生在网络素养总分上的差异

根据单因素方差结果可以看出初中生网络素养总分在年级上的差异情况，显著性为0.00，小于0.05，说明不同年级的学生在网络素养得分上有显著差异。根据多重比较结果可以发现，在初中生网络素养的得分上，初二群体显著高于初一群体，初三群体显著高于初一群体。详见表16。综合以上结果可以看出，随着受教育程度的提高，初中生的网络素养水平显著提高，同时初二与初三的网络素养水平间不存在显著差异。

表16　网络素养量表总分在年级上的差异分析

变量	年级	N	均值	标准差	F 值	显著性	多重比较
初中生网络素养得分	初一	368	96.62	11.74	6.61	0.00	2＞1，3＞1
	初二	501	99.46	11.02			
	初三	410	98.69	12.00			

注：其中1代表初一，2代表初二，3代表初三。

（二）初中生网络素养水平与学校教育因素的差异性分析

1. 学校安排网络安全知识讲座的不同频率与初中生网络素养总分的差异性分析

学校是初中生学习的主要场所。因此，学校开展网络素养相关知识的课程是初中生提高网络素养水平的重要环节。通过对学校或老师安排网络安全知识讲座的频率的统计，了解四类不同的频率是否导致初中生网络素养总分呈现出显著性差异。由表17可知，网络安全知识讲座安排的不同频率与初中生网络素养总分方差分析的显著性为0，小于

0.05，说明学校和老师安排不同频率的网络安全知识讲座会导致初中生网络素养总分呈现出显著性差异；相关指数为0.042，根据统计学家雅各布·科恩（Jacob Cohen）（1988）的观点，相关指数小于0.059，说明两者间关系属于低度关联强度。根据多重比较的结果可以发现，针对"学校或老师会给你们安排网络安全知识讲座"这一题项，选择"经常会有"的群体的网络素养得分高于选择"每个月至少有一次""一个学期至少有一次"以及"几乎不会"的群体。综合以上结果可以得出，学校或老师开展网络安全知识讲座的频率越高，初中生的网络素养水平就会越高。

表17　学校教育因素与初中生网络素养总分差异比较的方差分析摘要

题项	选项	N	均值	标准差	F 值	显著性	相关指数	多重比较
学校或老师会给你们安排网络安全知识讲座	1	198	95.43	13.509	19.818	0	0.042	4 > 3, 4 > 2, 4 > 1
	2	446	97.08	10.281				
	3	186	96.87	11.419				
	4	449	101.64	11.302				

注：1代表几乎不会，2代表一个学期至少有一次，3代表每个月至少有一次，4代表经常会有。

2.老师对课上教授网络知识重视的不同程度与初中生网络素养总分差异性分析

老师是校园内对学生进行面对面教育的主体。通过对"老师会在课上教你们网络知识、软件的使用"的频率的统计，了解五个不同的程度变量是否导致初中生网络素养总分呈现出显著性差异。由表18可知，从"非常不符合"到"非常符合"五个变量与初中生网络素养总分方差分析的显著性为0，小于0.05，说明老师在课上教学生网络知识、软件的使用的频率会导致初中生网络素养总分呈现出显著性差异；相关指数为0.091，说明变量间的关系属于中度关联强度。根据多重比较结果可以发现，针对"老师会在课上教你们网络知识、软件的使用"这一题项，选择"非常符合"的初中生群体的网络素养得分要高于选择"符合"的群体，选择"符合"的初中生群体的网络素养得分高于选择"一般""不符合""非常不符合"的群体。综合以上结果可以得出，老师对初中生的网络知识和软件使用的教育的重视程度越高，初中生的网络素养水平就会越高。

表18　老师教授因素与初中生网络素养总分差异比较的方差分析摘要

题项	选项	N	均值	标准差	F 值	显著性	相关指数	多重比较
老师会在课上教你们网络知识、软件的使用	1	141	97.34	13.893	33.124	0	0.091	5 > 4, 4 > 3, 4 > 2, 4 > 1
	2	101	96.14	10.366				
	3	389	95.63	11.488				
	4	326	96.87	9.882				
	5	322	104.45	10.454				

注：1代表非常不符合，2代表不符合，3代表一般，4代表符合，5代表非常符合。

（三）初中生网络素养水平与家庭因素的差异性分析

1.父母的不同学历与初中生网络素养总分差异性分析

通过对"父母的最高学历"的统计，分析父母的不同学历与初中生网络素养的得分情况是否有关联。根据差异分析的结果可以发现，显著性为0.95，大于0.05，说明父母的不同学历与初中生的网络素养总分没有呈现出显著性差异；相关指数为0.003，小于0.059，说明二者的关系属于低度关联强度。综合以上结果可以得出，父母的学历程度与孩子的网络素养得分之间没有显著关系，不存在父母学历越高孩子的网络素养水平就越高这种关系。详见表19。

表 19　父母的不同学历与初中生网络素养总分差异比较的方差分析摘要

题项	选项	N	均值	标准差	F 值	显著性	相关指数	多重比较
父母的最高学历	初中及以下	131	97.80	12.58	0.17	0.95	0.003	—
	高中	300	98.45	11.58				
	大专	408	98.57	11.27				
	本科	367	98.49	11.65				
	研究生及以上	73	97.77	11.72				

2. 父母不同程度的规范和指导与初中生网络素养总分差异性分析

通过对"父母会对你的上网时间进行规范""父母会对你进行上网指导"这两个题项的统计，分析父母对初中生上网活动不同程度的规范和指导与初中生网络素养的得分情况是否有关联。根据差异分析的结果可以发现，显著性均为0，小于0.05，说明父母不同程度的规范和指导会导致初中生网络素养总分呈现出显著性差异。两个题项变量与初中生网络素养总分的相关指数分别为0.088、0.120，相关指数介于0.059与0.138之间，说明变量间的关系属于中度关联强度。根据多重比较结果可以发现，针对"父母会对你的上网时间进行规范"这一题项，选择"非常符合"的初中生群体的网络素养得分显著高于选择"符合""一般"和"不符合"的初中生群体；针对"父母会对你进行上网指导"这一题项，选择"非常符合"的初中生群体的网络素养得分显著高于选择"符合""一般""不符合"和"非常不符合"的初中生群体。详见表20。综合以上结果可以看出，父母越重视规范孩子的日常上网时间，越重视对孩子进行上网指导，孩子的网络素养水平就越高。

表20　父母对初中生不同程度的上网规范和指导与初中生网络素养总分差异比较的方差分析摘要

题项	选项	N	均值	标准差	F 值	显著性	相关指数	多重比较
父母会对你的上网时间进行规范	1	37	96.30	17.378	31.994	0	0.088	5 > 4, 5 > 3, 5 > 2
	2	19	90.32	11.475				
	3	206	93.69	10.599				
	4	427	96.21	10.948				
	5	590	102.01	10.821				
父母会对你进行上网指导	1	98	96.49	13.878	44.378	0	0.120	5 > 4, 5 > 3, 5 > 2, 5 > 1
	2	86	94.12	10.173				
	3	408	95.03	11.182				
	4	349	97.62	10.349				
	5	338	104.89	10.239				

注：1代表非常不符合，2代表不符合，3代表一般，4代表符合，5代表非常符合。

（四）初中生网络素养水平与同辈因素的差异性分析

群体对初中生的网络素养的培育起着潜移默化、不可忽视的作用，与同学或朋友的互动是初中生学习与成长的重要一环。通过对"你会和同学或朋友交流网络上的种种事物"这一题项的频率统计，了解五个不同的程度变量是否导致初中生网络素养总分呈现出显著性差异。由表21可知，从"非常不符合"到"非常符合"五个变量与初中生网络素养总分方差分析的显著性为0，小于0.05，说明初中生与同学或朋友交流网上各种事物的程度会导致初中生网络素养得分呈现出显著性差异；相关指数为0.05，说明变量间的关系属于中度关联强度。根据多重比较结果可以发现，针对"你会和同学或朋友交流网络上的种种事物"这一题项，选择"非常符合"的初中生群体的网络素养得分高于选择"符合""一般""不符合"和"非常不符合"的初中生群体。综合以上结果可以得出，初中生经常和同学或朋友交流网络上的种种事物，交流越频繁，初中生的网络素养水平就越高。

表21　同辈因素与初中生网络素养总分差异比较的方差分析摘要

题项	选项	N	均值	标准差	F 值	显著性	相关指数	多重比较
你会和同学或朋友交流网络上的种种事物	1	86	95.69	14.879	17.917	0	0.05	5 > 4, 5 > 3, 5 > 2, 5 > 1
	2	63	98.22	11.289				
	3	473	96.53	11.226				
	4	401	97.92	11.170				
	5	256	103.54	10.240				

注：1代表非常不符合，2代表不符合，3代表一般，4代表符合，5代表非常符合。

（五）初中生网络素养水平与影响因素的线性回归分析

为了探讨初中生自身、学校、家庭、同辈等各个因素对初中生网络素养总得分是否有显著的解释力，我们以初中生的性别和年级、学校开展网络安全知识讲座的不同频率、老师对初中生网络知识教育重视的不同程度、父母对孩子使用网络和使用时间的不同重视程度、与同辈进行交流的不同程度为自变量，初中生的网络素养评价量表总分为校标变量，进行线性回归分析，得出相应的回归分析摘要表。详见表22。

表22　初中生自身、学校、家庭、同辈不同变量与初中生网络素养总分的回归分析摘要

自变量		非标准化系数	标准系数		t 值	显著性	共线性统计量	
		B 值	标准误差	β 值			容差	VIF
（常量）		111.13	0.97	—	114.88	0.00	—	—
性别	男和女	−2.20	0.59	−0.10	−3.73	0.00	0.97	1.04
年级	初一和初三	−1.76	0.76	−0.07	−2.33	0.02	0.71	1.40
	初二和初三	0.61	0.70	0.03	0.87	0.39	0.72	1.39
学校或老师会给你们安排网络安全知识讲座	几乎不会和经常会有	−3.33	1.07	−0.10	−3.13	0.00	0.57	1.77
	一个学期至少有一次和经常会有	−1.33	0.97	−0.04	−1.38	0.17	0.73	1.38
	一个月至少有一次和经常会有	−1.15	0.79	−0.05	−1.47	0.14	0.60	1.66
老师会在课上教你们网络知识、软件的使用	非常不符合和非常符合	−1.92	1.29	−0.05	−1.49	0.14	0.52	1.93
	不符合和非常符合	−2.12	1.37	−0.05	−1.55	0.12	0.62	1.62
	一般和非常符合	−4.21	0.95	−0.17	−4.44	0.00	0.44	2.27
	符合和非常符合	−3.98	0.95	−0.15	−4.21	0.00	0.49	2.02
父母会对你进行上网指导	非常不符合和非常符合	−4.41	1.35	−0.10	−3.28	0.00	0.66	1.52
	不符合和非常符合	−5.41	1.38	−0.12	−3.92	0.00	0.70	1.42
	一般和非常符合	−5.23	0.90	−0.21	−5.83	0.00	0.48	2.07
	符合和非常符合	−3.35	0.90	−0.13	−3.73	0.00	0.53	1.90
父母会对你的上网时间进行规范	非常不符合和非常符合	−1.07	1.96	−0.02	−0.55	0.59	0.78	1.28
	不符合和非常符合	−8.24	2.49	−0.09	−3.31	0.00	0.93	1.08
	一般和非常符合	−4.26	0.94	−0.14	−4.56	0.00	0.71	1.40
	符合和非常符合	−2.63	0.75	−0.11	−3.50	0.00	0.67	1.49

续表

自变量		非标准化系数		标准系数	t 值	显著性	共线性统计量	
		B 值	标准误差	β 值			容差	VIF
你会和同学或朋友交流网络上的种种事物	非常不符合和非常符合	-6.62	1.34	-0.14	-4.94	0.00	0.75	1.34
	不符合和非常符合	-2.50	1.50	-0.05	-1.67	0.10	0.80	1.26
	一般和非常符合	-3.73	0.86	-0.16	-4.36	0.00	0.49	2.03
	符合和非常符合	-2.01	0.90	-0.08	-2.23	0.03	0.48	2.09
相关指数为 0.214								
a. 因变量：总分								

通过线性回归发现，相关指数为0.214，表示22个虚拟变量共可解释校标变量初中生网络素养总分21.4%的变异量。

性别中男生与女生的对比有一个变量，就"男和女"这一虚拟变量而言，回归系数显著性为0.00，小于0.05，说明这一变量对校标变量有显著的解释力；其β值为-0.10，回归系数为负数，表示就初中生网络素养总分而言，与"女生"组别相比，"男生"组别的网络素养得分显著较低。

年级中初一、初二与初三的对比有两个变量，其中只有"初一和初三"这一虚拟变量对校标变量有着显著的解释力，回归系数显著性为0.02，小于0.05；其β值为-0.07，回归系数为负数，表示就初中生网络素养总分而言，与"初三"组别相比，"初一"组别的网络素养得分显著较低。

"学校或老师会给你们安排网络安全知识讲座"这一题项下的三个虚拟变量，只有"几乎不会和经常会有"这个虚拟变量对校标变量有显著的解释力，回归系数显著性为0.00，

小于0.05；其β值为-0.10，回归系数为负数，表示就初中生网络素养总分而言，与"经常会有"组别相比，"几乎不会"组别的网络素养得分显著较低。

"老师会在课上教你们网络知识、软件的使用"这一题项下的四个虚拟变量，"一般和非常符合""符合和非常符合"这两个虚拟变量对校标变量有显著的解释力，回归系数显著性为0.00，小于0.05；其β值分别为-0.17、-0.15，回归系数都为负数，表示就初中生网络素养总分而言，与"非常符合"组别相比，"符合"组别和"一般"组别的网络素养得分显著较低。

"父母会对你进行上网指导"这一题项下的四个虚拟变量，均达到了显著性，回归系数显著性都为0.00，小于0.05；其β值均为负数，表示就初中生网络素养总分而言，与"非常符合"组别相比，"非常不符合"组别、"不符合"组别、"一般"组别的网络素养得分显著较低。

"父母会对你的上网时间进行规范"这

一题项下的四个虚拟变量，"符合和非常符合""一般和非常符合""不符合和非常符合"这三个虚拟变量对校标变量有显著的解释力，回归系数显著性都为0.00，小于0.05；回归系数都为负数，表示就初中生网络素养总分而言，与"经常会有"组别相比，"符合"组别、"一般"组别、"不符合"组别的网络素养得分显著较低。

"你会和同学或朋友交流网络上的种种事物"这一题项下的四个虚拟变量，"符合和非常符合""一般和非常符合""非常不符合和非常符合"这三个虚拟变量对校标变量有显著的解释力，回归系数显著性皆小于0.05，回归系数都为负数，表示就初中生网络素养总分而言，与"非常符合"组别相比，"符合"组别、"一般"组别、"非常不符合"组别的网络素养得分显著较低。

六、研究结论

根据对受访初中生的个人情况、网络的基本使用情况、网络素养水平和使用的环境等因素的调查，我们可以发现，总体上来说，初中生的网络素养状况良好，并且网络素养水平与所处环境的某些影响因素具有显著的相关性。主要结论如下。

（一）初中生是网络生活的积极参与者，并且网络使用基本状况良好，但仍存在一些风险

首先，网络已成为初中生学习与生活中不可缺少的一部分。通过对初中生网络使用的基本情况调查我们可以发现，初中生更加倾向于通过亲身实践获得网络使用的知识。

其次，在纷繁的网络世界里，初中生会采取各种手段来丰富自己的网络生活，拓宽自己在现实中不能涉及的领域，例如休闲娱乐、学习知识、人际交往等。当前各方也在为初中生营造良好的环境，从政府到家长、学校等都在为初中生的健康成长做出努力，例如防沉迷措施在一定程度上有效地避免了初中生沉迷游戏的危害，家长对孩子在日常生活中的上网规范等。

最后，初中生仍然面对着一些网络风险，比如过度沉迷网络的风险。一到周末，初中生上网的时间便会延长，并且有一部分初中生会绕过防沉迷系统的保护。当前的网络环境依旧存在一些不利于初中生身心健康的有害内容，例如网络暴力、软色情等不良信息。

（二）初中生的网络素养量表得分总体水平较高，但仍有些极端低分题项需要注意

通过对网络素养量表的描述分析，我们发现，受访初中生的网络素养总分大部分处于高分段，并且各个维度的均值都大于3。但在一些维度上，初中生的网络素养还存在一些瑕疵。比如，"你会相信网络上的未经证实的小道消息"这一题项的均值仅为2.08，远低于平均水平，说明当前大部分初中生会选择相信网络上未经证实的小道消息，而不是选择相信权威渠道的权威信息，而这些小道消息往往会导致谣言大规模传播，说明初中生的信息素养有待提升。再如，"你曾被网络平

台管理者删除评论或禁言"这一题项的均值仅为1.83，说明大部分初中生在上网过程中都会出现违反平台发言规则的情况，可能会散布谣言或者进行语言攻击，因此初中生的网络规范意识有待进一步加强。

（三）初中生的网络素养水平与自身、所处环境的影响因素存在显著相关性

调查发现，初中生的网络素养水平与自己的年级和性别具有显著关系。初二和初三学生的网络素养得分要高于初一的学生，女生的网络素养得分要高于男生。初中生逐渐形成独立的人格，在这个过程中会受到诸多环境因素的影响，比如学校、家庭、同学或朋友。通过调查发现，受访者的学校、老师、家长和同学或朋友都是初中生网络使用过程中的积极参与者，学校和老师会给初中生安排各种网络知识讲座，家长会对孩子进行上网指导，并规范孩子的上网时间，初中生会和同学或朋友就网络话题进行线下互动交流。因此，对于初中生的网络素养，环境的影响不可忽视。

同时发现，这些环境因素的不同影响程度与初中生的网络素养水平具有显著相关性。首先，学校或老师安排网络知识讲座的频率越高，越重视对学生传递相关的知识，初中生的网络素养得分就越高。其次，父母越重视对孩子进行上网指导以及上网时间的限制，孩子的网络素养得分就越高；父母的不同学历与初中生的网络素养总分没有呈现出显著性差异。最后，初中生在线下和同学或朋友交流网上事物的频率越高，初中生的网络素养得分就越高。

作者简介：

赵金胜，山西省吕梁市卫生健康综合服务中心科员。

杭孝平，北京联合大学网络素养教育研究中心主任、教授。

新媒体时代下银发群体网络素养教育研究

杜怡瑶

[摘要] 随着老龄化进程的加快，银发群体人口规模日益增长。在万众皆媒的时代，越来越多的老年人加入新媒体使用大军中，同时出现了网络知识匮乏、媒介使用技能低下、接触虚假信息等问题。针对银发群体的数字化生存窘境，开展银发群体网络素养教育显得极为重要。本文主要以银发群体为研究对象，从网络认知能力、新媒体接触和信息获取能力、网络信息辨别和批判能力、网络安全意识和道德规范能力、利用网络学习和参与的能力五方面来具体分析银发群体网络素养教育，并从国家、社区、大学、家庭、企业、媒体六大层面出发，为银发群体网络素养教育提供路径，从而不断提升老年人的网络运用水平和网络参与能力，让银发群体更好地享受移动互联网带来的数字红利。

[关键词] 新媒体；银发群体；网络素养教育

引 言

当下是数字化和老龄化并存的时代，移动数字技术在飞速发展的同时，我国人口老龄化程度也在进一步加深。

第七次全国人口普查数据显示，我国60岁及以上人口为26402万人，占比18.7%，与2010年相比，60岁及以上人口比重上升5.44个百分点。[①]

银发群体作为"数字移民"进入网络社会后，由于网络知识缺乏、新媒体接入障碍以及身体机能衰退等，在数字化生存方面面临巨大挑战，逐渐沦为"数字难民"。面对日益扩大的数字鸿沟和老人触网难

---

① 第七次全国人口普查结果公布：继续增长！我国人口达141178万人 [EB/OL].（2021-05-11）. https://baijiahao.baidu.com/s?id=16994290750981 40079&wfr=spider&for=pc.

题，提升银发群体的网络素养是关键。国家、网络平台、基层社区以及整个社会应该协同整合多方资源和力量，借助新媒体技术开展银发群体网络素养培育，努力破除老年群体的数字生存壁垒，使其更好地认识网络、使用网络和融入网络，共享信息化发展成果。

一、网络素养和网络素养教育

网络素养是从媒介素养发端而来的，是媒介素养在信息化社会的新表征形式。进入网络社会后，网络素养已经逐渐发展成为一个相对独立的概念。网络素养这一概念最早由美国学者查尔斯·R.麦克库劳于1994年提出。查尔斯·R.麦克库劳认为，网络素养指的是个人"识别、访问并使用网络中的电子信息的能力"，主要由知识和技能两大部分组成。[1] 也就是说，网民不仅需要掌握网络基础知识，还需要具备一定的网络使用技能，这样才能更好地适应网络传播语境。国内对于网络素养概念的研究发端于1997年。学者卜卫最早将"媒介素养"引入国内，并对其概念进行界定，认为媒介素养不仅包括正确判断和估计信息的能力，还包括有效创造和传播信息的能力。[2] 2000年以来，国内对于网络素养概念的研究已经逐渐成形，

网络素养内涵更加细分。郑春晔认为，网络素养具体包含网络媒介认知能力、网络信息批判能力、网络道德素养、网络安全素养以及利用网络管理自我和发展自我的能力。[3] 彭兰立足于网络赋权语境对网络素养进行了再定义。她认为网络素养包括网络基本应用素养、网络信息消费素养、网络信息生产素养、网络交往素养、社会协作素养、社会参与素养。[4] 学者喻国明等认为网络素养是在媒介素养、数字素养、信息素养基础上叠加社会性、交互性、开放性而形成的，"认知—观念—行为"是网络素养培育的核心内容和范式逻辑，[5] 从而将网络素养上升到了个人和社会发展层面。具体而言，网络素养指的是一种关于网络使用的综合素养，具体包含网络基础知识、网络媒体使用技能、网络信息的辨别能力、网络安全和网络道德意识等。

除了网络素养的概念，国内外学者还对网络素养教育进行了研究。网络素养教育源于媒介素养教育。媒介素养教育起源于20世纪30年代的英国，盛行于美国、澳大利亚等国。[6] 国内的媒介素养教育研究起步较晚。1997年，中国社会科学院副研究员卜卫发

① MCCLURE C R. Network literacy: a role for libraries?[J]. Information technology and libraries, 1994, 13（2）: 115-125.

② 卜卫.论媒介教育的意义、内容和方法[J].现代传播（北京广播学院学报），1997（1）: 29-33.

③ 郑春晔.青年学生网络素养现状实证研究[J].当代青年研究, 2005（6）: 31-35.

④ 彭兰.网络社会的网民素养[J].国际新闻界, 2008（12）: 65-70.

⑤ 喻国明, 赵睿.网络素养: 概念演进、基本内涵及养成的操作性逻辑——试论习总书记关于"培育中国好网民"的理论基础[J].新闻战线, 2017（3）: 43-46.

⑥ 董广安.泛传播时代的媒介素养教育[J].中国记者, 2009（3）: 42-43.

表了国内第一篇系统论述媒介素养教育的文章——《论媒介教育的意义、内容和方法》，详细阐释了"媒介素养"的概念缘起及其发展历史。[①]之后，国内关于媒介素养教育的文章不断涌现，媒介素养及其教育研究不断发展壮大。网络素养教育是媒介素养教育在网络时代的新发展。目前，国内学者针对网络素养教育开展了一系列研究，从研究对象上看，主要集中于研究大学生、青少年、儿童的网络素养教育，而较少关注老年群体的网络素养教育。

"积极老龄化"理念认为，老年群体是社会人口的重要组成部分，是社会发展的宝贵财富。在网络传播语境下，老年人生活质量的好坏关系到整个社会的和谐发展与健康稳定，而老年人的网络生活质量又与网络素养呈正比关系。因此，开展银发群体网络素养教育及其研究显得极为重要。

二、新媒体时代下银发群体网络素养教育的基本内容

银发群体网络素养教育的基本内容具体可以分为五大部分，即网络认知能力、新媒体接触和信息获取能力、网络信息辨别和批判能力、网络安全意识和道德规范能力、利用网络学习和参与的能力。

（一）网络认知能力

网络认知能力是银发群体网络素养教育

的根本立足点。当下，大多数老年群体在网络使用和网络参与上仍然存在较大困难，究其根本，很大一部分原因在于其对互联网没有形成清晰、明确的认知，认为网络是年轻人的世界，在新媒体面前呈现出消极、被动的状态，从而逐渐对网络产生了畏惧感、抵触心理。因此，银发群体网络素养教育应该向广大老年人普及网络的基本知识，包括网络的定义、特征、历史、功能、作用、价值等，使老年群体认识到网络的重要性，不断提升银发群体网络参与的积极性和主动性，乐享数字化红利。

（二）新媒体接触和信息获取能力

当下，银发群体大多通过手机参与网络生活，进而获取网络信息，其新媒体接触和使用技能的高低决定了信息获取能力的高低。目前，老年群体在新媒体接触和使用技能上还处于弱势地位，一些老年人陷入不会移动支付、在线医疗难等数字窘境。因此，针对老年人开展新媒体接触和使用技能教育显得极为重要，这是银发群体网络素养教育的重要一环。一方面，国家要加快推进信息无障碍建设，积极开发适老化媒介产品，为老年群体提供优质、简便和平等的媒介信息接触环境。另一方面，学校、社区、企业机构以及全社会应该积极开展新媒体运用教育，不断提升老年群体的新媒体使用技能，针对智能手机应用、电脑使用、数字电视观看等开展网络线上教育和线下实地教育，普及新媒体运用常识（比如浏览网页、阅读新闻、网络聊天、移动支付、

---

① 李秀云.中国媒介素养教育思想萌芽的阐发 [J].新闻记者，2005（1）：48-50.

播放视频、健康医疗等），让老年群体更好地使用互联网，助力数字生活。

（三）网络信息辨别和批判能力

新媒体时代下，人人都有麦克风，各种信息充斥网络，信息质量良莠不齐，不乏一些标题党、虚假新闻、诈骗信息、网络谣言等，给银发一族的网络参与带来了巨大挑战。因此，老年群体亟需提升其信息辨别和批判能力，从而更好地应对不良信息的侵扰。网络信息辨别和批判能力教育是老年人健康、有序、合理用网的关键，也是提升老年人网络素养的重要途径，旨在为老年人创造一个清朗的网络参与空间。

首先，要加强银发群体的网络信息辨别能力教育，让老年人学会在接收信息前进行真伪辨别。特别在涉及健康养生、医疗保健、投资理财、保险服务等方面的信息时，老年群体由于对新事物认知能力不足，极易被弹出的广告和网页信息蒙蔽和欺骗，陷入网络诈骗和钱财敲诈风波。针对此类情况，国家和社会可以通过短视频、微信小课堂等形式开展预防网络诈骗的相关主题教育活动，教授老年人识别虚假信息和诈骗信息。同时，老年人自身也要主动学习新事物、优化知识结构，自主抵御虚假信息和诈骗信息。

其次，要加强银发群体的网络信息批判能力教育。老年人不仅要学会辨别网络信息的真伪，还要学会运用批判性思维来接收信息。老年人一方面不能盲目相信网络信息，另一方面不能排斥和远离网络信息，而要保持一种理性批判精神。当面对养生保健、医疗药物、金融理财、保险服务、养老住房等方面的信息时，老年人可以求助子女和朋友，进行信息查证，从而有效预防网络诈骗。

（四）网络安全意识和道德规范能力

网络安全意识是银发群体网络素养教育的重要内容。老年群体由于网络安全意识淡薄、网络信息判断力弱，极易陷入隐私泄露危机。因此，针对银发群体开展网络安全知识教育势在必行。一是通过短视频情景剧和动画视频进行网络安全知识宣传和传播，让老年群体了解网络安全是什么、网络安全包括哪些内容、网络安全的影响因素以及一些常见的网络安全问题。二是举办社区网络安全知识讲座，结合网络诈骗、隐私泄露的真实案例进行网络安全教育。三是制作针对老年群体的网络安全手册，通过实物传播教授老年人如何预防个人隐私泄露，引发银发一族对网络安全的圈层共振和认同，不断提升老年群体的网络安全素养。

此外，网络道德规范能力的培育也是银发群体网络素养教育的要义所在。在网络空间，老年群体越来越处于信息资源获取和社会权力博弈的底层地位，这导致其网络参与意愿低下和对道德法规的漠视。由于缺乏网络法规常识和道德规范准则，老年群体常常会陷入谣言传播、道德绑架、网络暴力、网络欺凌等困境，并且道德素养变得越来越低。因此，针对老年群体的网络道德规范能力培育显得越来越重要。

（五）利用网络进行学习和社会参与的能力

对于银发群体来说，网络素养还包括利用网络进行学习和社会参与的能力。一方面，老年群体可以通过海量的网络资源学习新技术、新知识和新文化，不断优化网络知识结构，提升自身的网络媒介运用能力。另一方面，老年群体可以通过创造性使用网络媒介进行社会参与，推动构建和谐社会，促进网络空间的生态发展。针对公共事件、政府治理、社会管控、环境污染等社会问题以及医疗、保健、住房、康复、养老等个人发展问题，老年群体可以运用微信、微博、短视频等网络渠道进行评论和留言，为社会和个体

发展积极建言献策，充分发挥银发网民的网络智慧。

具体而言，如图1所示，银发群体网络素养教育大致经历了从认识网络到使用网络，再到融入网络的过程。网络认知能力是银发群体网络素养教育的起点。在认识网络的基础上进一步培养老年人的网络使用能力，具体包括新媒体接触和信息获取能力、网络信息辨别和批判能力、网络安全意识和道德规范能力。银发群体网络素养教育的最终目标是使其融入网络，即培育老年人利用网络进行学习和社会参与的能力，使银发群体和网络真正融为一体。另外，这种网络学习和创造能力会反向融合进老年群体的网络认知能力中，从而开启新一轮网络素养教育生态循环，彼此承接，交互融合。在这样一轮又一轮的网络素养教育中，不断提升银发群体的网络素养，助力银发群体更好地融入网络生活。

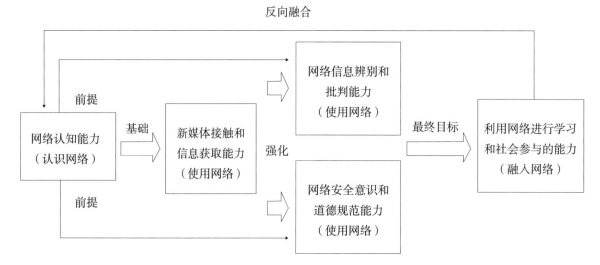

图1　银发群体网络素养教育的内容模式

三、新媒体时代下银发群体网络素养教育的培育路径

（一）国家层面："积极老龄化"引导下的素养教育

1999年，世界卫生组织（WHO）提出了"积极老龄化"（Active Aging）的主张，呼吁全球开展一场"积极老龄化全球行动"。目前"积极老龄化"已经成为各国应对老龄化问题的策略，其核心理念在于促进老年人积极参与社会，以此提升老年人的生活品质。[①]为了有效应对老龄化问题，国家应该在"积极老龄化"政策的引导下呼吁全社会积极开展网络素养教育，以此促进老年人的网络参与，激发老年人的网络参与热情，不断提升老年人在网络生活方面的幸福感和满足感。

当下是万众皆媒的时代，万物互联，万物互通。国家可以引导全社会运用新媒体对老年群体进行网络素养教育，比如微信图文小课堂、短视频情景剧、动画视频等。此外，老年群体自身也可以借助新媒体渠道进行网络素养的自我教育和互助教育。伴随着社交媒体的普及和发展，老年人可以通过微博文章、微信推文、短视频、网络论坛等渠道主动学习关于扫码服务、网络支付、预约挂号、交通出行等方面的知识，培养自主学习网络知识的能力；也可以通过评论、转发、点赞的形式与其他老年用户进行沟通和交流，解决自身在网络运用过程中出现的"疑难杂症"，实现互助性和帮扶性教学。

（二）社区层面：基层社区开展网络素养培训活动

媒介化时代下的基层社区逐渐演变成数字化社区。基层社区可以依托先进的数字化技术设备和多元媒体，针对银发群体展开点对点式的网络素养教育。基层社区是老年群体最熟悉的地方，是其开展社会活动的主要场所，在基层社区开展网络素养培训活动，可以拉近老年群体与数字媒介之间的心理距离，激发老年群体的参与热情和学习积极性。具体而言，基层社区网络素养培训活动要多采用新媒体形式和多媒体技术，比如PPT演示、视频教学、情景演绎等，从而为老年群体提供智能手机应用、网络安全、网络道德规范等方面的知识服务，满足老年群体的网络学习需求。基层社区要根据老年群体的差异化用网需求制定个性化学习内容，进行一对一、手把手的网络素养教育服务，不断丰富老年人的数字生活。基层社区要发动大学生、青年、领导干部等志愿力量参与银发群体网络素养公益教育活动，定期上门为老年居民提供网络援助和服务。

（三）大学层面：老年大学开设网络素养专业课程

老年大学也是银发群体网络素养教育的重要阵地。国家要积极兴办老年大学，为老

[①] 刘倩.自媒体环境下老年群体的媒介素养教育：基于"积极老龄化"的视角［J］.青年记者，2019（8）：26-27.

年群体提供网络学习的场所。针对银发群体网络素养教育，首先，老年大学要开设网络素养专业课程，秉承"积极老龄化"政策下的"健康、参与、保障"三原则来设置网络素养教学课程和教学内容，致力于将网络素养教育纳入老年教育体系。其次，老年大学要积极培育专职教师，教授老年人如何使用互联网以及如何解决网络应用难题。此外，老年大学需要发挥宣传和引导作用，以网络素养教育为起点，引发老年人网络素养教育浪潮，助力银发群体点亮数字生活。

（四）家庭层面：家庭数字反哺中的网络素养教育

家庭是银发群体网络素养教育的"大后方"，而数字反哺则是提升银发群体网络素养的有效手段。数字反哺发端于文化反哺的概念，指的是不同代际间围绕新媒体的使用进行的互动和交流，即年轻一代对年老一代在新媒体接触和使用以及相关文化价值观方面的反哺。家庭环境中的数字反哺教育可以进一步弥合数字鸿沟，通过年轻一代教授年老长辈关于新媒体使用方面的知识以及反向传播流行文化，帮助其摆脱数字生活困境，不断提升其网络素养。对于家庭环境下的银发群体网络素养教育而言，年轻一代要保持足够的耐心，细心教导年老长辈关于扫码支付、视频通话、预约挂号等新媒体使用技能，并教会其识别网络诈骗和虚假信息。同时，年轻一代要积极地向年老一代传播新技术和新文化，帮助老年人克服"网络恐惧"，树立网络参与自信，激发老年人的网络参与热情，助力老年群体融入数字社会。

（五）企业层面：企业要加快开发适老化媒介产品

网络媒介是连接老年人和网络世界的桥梁。老年人网络素养的提升有赖于长期的媒介实践经验积累。因此，适老化媒介产品的出现显得尤为迫切和重要。互联网企业作为网络媒介产品的生产者，理应加快研发针对老年群体的媒介产品，对媒介产品的内容和形式进行适老化改造，推出老人专用的软件、硬件及其机制，从而为老年人提供便捷、安全、高效的媒介接触环境，在实践中助推老年群体网络素养的提升。

（六）媒体层面：媒体行业自觉承担内容生产责任

过去的涉老报道中往往存在一定的刻板印象和标签化定义，比如老年人的媒介形象在很大程度上与"年老、体弱、病残"挂钩。有些涉老报道甚至会引发大量的负面情绪，老年诈骗、老年欺凌、老年歧视话题频现。这些都会影响老年群体的网络参与热情，进而影响其网络素养的提升。媒体作为信息内容的生产主体，应该在媒体报道上自觉承担起媒介内容的生产责任，尽量避免对老年群体进行标签化报道，努力为老年人生产更加专业、优质和健康的信息内容，营造出积极向上、丰富多彩的老年生活图景，从而激发老年人的网络参与热情，助力其提升网络素养。

结　语

2020年11月，国务院办公厅印发《关于切实解决老年人运用智能技术困难的实施方案》，进一步推动解决老年人在运用智能技术方面遇到的困难，为老年人提供更周全、更贴心、更直接的便民服务。党的二十大报告提出："实施积极应对人口老龄化国家战略，发展养老事业和养老产业，优化孤寡老人服务，推动实现全体老年人享有基本养老服务。"在"积极老龄化"视角下，老年人口是社会发展的重要资源，老年群体的社会生存状况关系到整个社会的进步和发展，解决好老年群体的社会生存问题对于构建公平、正义、和谐的社会具有重要意义。

在网络传播语境下，银发一族由于身体机能衰退、记忆力减弱、新媒体使用技能低下、网络知识匮乏等，在网络参与中屡屡碰壁，其数字化生存备受挑战。为了帮助银发群体更好地适应网络生活，提升其网络素养是关键。在媒介化时代，银发群体网络素养教育的内容不仅包括新媒体接触和信息获取能力，还包括网络认知能力、网络信息辨别和批判能力、网络安全意识和道德规范能力、利用网络进行学习和社会参与的能力。在新媒体时代，有关部门应该整合国家、社会、基层社区、老年大学、家庭等多方主体的力量，借助新媒体技术为老年人开展智能化、场景化和个性化的网络素养教育，助力银发群体走出数字化生活困境，使其从"数字难民"变身"数字新公民"，乐享数字新生活。

参考文献：

［1］李筱佳.新媒体语境下老人与媒介素养［J］.新闻传播，2018（18）：79-80.

［2］丁卓菁.新媒体环境下老年群体媒介素养教育探讨［J］.新闻大学，2012（3）：116-121.

［3］武晓立.跨越"数字鸿沟"：社交媒体时代老年人媒介素养的提升［J］.青年记者，2020（25）：16-17.

［4］杨成利，赵亚会.信息化时代下老年群体的网络素养教育探析［J］.广州广播电视大学学报，2017，17（2）：45-48，109.

作者简介：

杜怡瑶，北京联合大学应用文理学院2021级硕士研究生。

老年网民在线接触健康讲座的现状与对策 *

王卫明　李婷玉　王熙远

[摘要] 健康讲座是特殊的健康传播形式。网络平台健康讲座逐渐兴起，部分在线讲座暗藏陷阱。课题组调查显示，网络平台健康讲座在老年人中的普及率比较高；超过四分之一的老年人从不怀疑网络平台健康讲座内容的科学性；超过三分之一的老年人从不怀疑健康讲座主讲专家的身份；购买保健品已成为老年网民的重要支出项目；大部分老年人会购买网络健康讲座推荐的产品；收听收看"只允许特定微信群的成员收听收看的网络平台健康讲座"的受访者中，对讲座主讲专家的身份、讲座内容的科学性"从不怀疑"的比例显著高于收听收看"不限于特定微信群成员"讲座的受访者中的比例。老年人在线接触健康讲座的现状存在隐患，卫生部门应该加强监管引导，网络平台要加强资质审核把关，帮助老年人提升媒介素养、增强识别讲座信息真伪的能力。

[关键词] 老年人；网络平台；健康讲座；监管；媒介素养

健康讲座是特殊的健康传播形式，对提升全民健康水平起着独特的作用。随着新媒体平台的崛起、中国网民规模的不断扩大，网络平台的在线健康讲座逐渐兴起，在给广大受众提供阅听便利的同时，也夹杂着一些不和谐因素，商业欺诈若隐若现，部分家庭为之烦恼并陷入争执。

为了了解中国网民尤其是老年网民在线接触健康讲座的现状，南昌大学"健康传播"课题组在"问卷星"网站发布了《"老年网民在线接触健康讲座"调查问卷》。①

这次调查的起止时间为 2022 年 8 月 30 日 16 时至 2022 年 8 月 31 日 21 时，主要通过微信、微博等平台推介此项调查，受访者分布在中国 31 个省、市、自治区（无人在香港、台湾、澳门参与填答）。课题组共回收答卷 568 份，其中 400 份有效问卷由 60 岁及以上的

* 本文系国家社会科学基金一般项目"当代中国语境下的家庭传播研究"（项目编号：20BXW056）的阶段性研究成果。

① 详见 https://www.wjx.cn/vm/ex3oe4f.aspx。

受访者填答。

调查采用网络匿名调查方式，数据下载后进行分类统计和交叉分析。因采用非随机抽样方式，本次调查的调查结果可作为一种探索性认识，不用于推论总体情况。

一、受访者基本情况

上述400名老年受访者的基本情况如下：

性别方面，男性多于女性，男女比例分别为62.75%（251人）和37.25%（149人）。

年龄方面，60—69岁286人，占比71.5%；70—79岁95人，占比23.75%；80岁及以上19人，占比4.75%。

学历方面，没读过大学的受访者居多，小学及以下学历者为40人，占比10%；初中学历者为131人，占比32.75%；高中或中专学历者为147人，占比36.75%；本科或专科学历者为69人，占比17.25%；研究生学历者为13人，占比3.25%。

月收入方面，大多不足4000元，月收入1000元以下者有26人，占比6.5%；月收入1000—1999元者有111人，占比27.75%；月收入2000—2999元者有123人，占比30.75%；月收入3000—3999元者有95人，占比23.75%；月收入4000元及以上者有45人，占比11.25%。

大约三分之二的受访者主要收入来源是退休金（占比44.5%）、社保（占比34%），大约三分之一的受访者主要收入来源是工资奖金（占比11.5%）、晚辈给的赡养费（占比7.75%）、其他（占比2.25%）。

生活中主要的消费支出依次是日常生活支出（占比31.70%）、投资理财（占比

30.55%）、保健品支出（占比26.25%）、医疗费用（占比10%）、其他支出（占比1.5%）。保健品支出名列第三，已经成为老年网民的重要支出项目。

居住状况方面，超过三分之一（34.5%）的老年人与配偶同住，另有三分之一（33.75%）的老年人与子女同住，14.75%的老年人与配偶、子女同住，只有极少数（3.25%）的老年人住在养老机构，还有13.75%的老年人独自居住。

使用智能手机、电脑的时间方面，超过90%的老年人使用超过一年，33.1%的老年人使用超过一年，不到两年，32.57%的老年人使用超过两年，不到三年，24.82%的老年人甚至已经使用三年以上，9.51%的老年人使用手机不到一年。

关于识别网络信息真假的能力，14.25%的老年人对网络信息真假辨别没有信心，只有28%的老年人有信心，大部分老年人有时有信心，有时没信心。

二、受访者在线接触健康讲座的情况

在400名受访的老年人中，近三成（29.5%）的老年人经常收听收看网络平台健康讲座，超过一半（51%）的老年人偶尔收听收看网络平台健康讲座，从不收听收看网络平台健康讲座的老年人不到两成（19.5%）。从调查结果可以看出，超过80%的老年受访者收听收看过网络平台健康讲座，网络平台健康讲座在老年人中的普及率比较高（本次调查未特意区分城镇与农村）。详见表1。

表 1 受访者收听收看网络平台健康讲座的情况

选项	样本数	比例
经常收听收看	118	29.5%
偶尔收听收看	204	51%
从不收听收看	78	19.5%

注：本题有效填写人次为400。

健康讲座的开放性、封闭性，与讲座内容的安全性密切相关。对收听收看过网络平台健康讲座的老年受访者而言，接近三分之一（32.92%）的老年人接触的网络平台健康讲座，都只允许特定微信群的成员收听收看，这种讲座具有一定的排他性、封闭性、群体性，容易形成低智商状态的"乌合之众"，特别容易催生上当受骗、盲目消费等非理性行为。只有13.66%的老年人接触的网络平台健康讲座受众不限于特定微信群的成员，开放性、安全性、可靠性比较强。详见表2。

表 2 受访者收听收看网络平台健康讲座是否限于特定微信群

选项	样本数	比例
是	106	32.92%
有些是	172	53.42%
不是	44	13.66%

注：本题有效填写人次为322。

老年人收听收看的网络平台健康讲座主要在社交媒体平台展开，集中于微信（视频号）（27.02%）、抖音或快手（26.40%）、微博（21.43%）以及QQ（18.01%），网站（4.66%）和其他（2.48%）网络渠道的健康讲座极少。详见表3。

表 3 受访者收听收看网络平台健康讲座的渠道

选项	样本数	比例
微信（视频号）	87	27.02%
抖音或快手	85	26.40%
微博	69	21.43%
QQ	58	18.01%
网站	15	4.66%
其他	8	2.48%

注：本题有效填写人次为322。

由于健康讲座的主办方或推荐者的单位性质、动机的不同，健康讲座的营利性、公益性存在差异。从调查结果来看，老年人收听收看的网络平台健康讲座，其主办方呈现多元化的特点：新闻媒体名列第一（22.36%），卫健委或卫生局名列第二（17.39%），医院或诊所、居委会或村委会并列第三（12.73%），其后是物业公司（10.25%）、养生机构（7.45%）、医药公司（5.59%）、学校（3.73%）、美容机构（2.80%）。值得注意的是，超过10%的老年人收听收看养生机构或美容机构安排的网络平台健康讲座，面临一定的受骗风险。详见表4。

表4　受访者收听收看的网络平台健康讲座的主办方

选项	样本数	比例
医院或诊所	41	12.73%
卫健委或卫生局	56	17.39%
新闻媒体	72	22.36%
居委会或村委会	41	12.73%
物业公司	33	10.25%
医药公司	18	5.59%
养生机构	24	7.45%
美容机构	9	2.80%
学校	12	3.73%
其他	16	4.97%

注：本题有效填写人次为322。

网络平台健康讲座鱼龙混杂，科学性千差万别，甚至有云泥之别。但是，收听收看网络平台健康讲座时，经常怀疑讲座内容科学性的老年人较少（只有10.25%），大部分老年人（62.11%）偶尔怀疑讲座内容的科学性，超过四分之一（27.64%）的老年人从不怀疑讲座内容的科学性。详见表5。

表5　受访者是否怀疑网络平台健康讲座内容的科学性

选项	样本数	比例
从不怀疑	89	27.64%
偶尔怀疑	200	62.11%
经常怀疑	33	10.25%

注：本题有效填写人次为322。

健康讲座主讲专家的身份真假难辨。但是，收听收看网络平台健康讲座时，只有14.60%的老年人经常怀疑健康讲座主讲专家的身份，超过一半的老年人（50.93%）偶尔怀疑健康讲座主讲专家的身份，超过三分之一（34.47%）的老年人从不怀疑健康讲座主讲专家的身份。详见表6。

表6　受访者是否怀疑网络平台健康讲座主讲专家的身份

选项	样本数	比例
从不怀疑	111	34.47%
偶尔怀疑	164	50.93%
经常怀疑	47	14.60%

注：本题有效填写人次为322。

在收听收看网络平台健康讲座时，老年人提问、回答问题较少（分别只有12.73%、4.97%），超过四成（43.48%）的老年人会点赞，超过30%的老年人（32.92%）会发帖评论，大约四分之一（25.16%）的老年人会将讲座分享给其他人，超过四分之一（27.33%）的老年人只听或只看。详见表7。

表7　受访者收听收看网络平台健康讲座时的互动情况

选项	样本数	比例
只听或只看	88	27.33%
点赞	140	43.48%
发帖评论	106	32.92%
分享给其他人	81	25.16%
提问	41	12.73%
回答问题	16	4.97%

注：本题有效填写人次为472。

在收听收看网络平台健康讲座后，30.75%的老年人从不购买网络平台健康讲座推荐的产品，大部分老年人会购买网络健康讲座推荐的产品，偶尔购买的占57.45%，经常购买的占11.80%。详见表8。

表8　受访者是否购买网络平台健康讲座推荐的产品

选项	样本数	比例
从不购买	99	30.75%
偶尔购买	185	57.45%
经常购买	38	11.80%

注：本题有效填写人次为322。

三、关于网络平台健康讲座的交叉分析

以568名受访者的年龄为自变量，以568名受访者识别网络信息真假的信心为因变量，展开交叉分析，结果发现：就识别网络信息真假的信心而言，不到60岁的受访者中有信心的比例（41.67%）明显高于达到或超过60岁的受访者中的比例（21.05%—31.58%）；没信心的比例（11.90%）则低于达到或超过70岁的受访者中的比例（15.79%—26.32%），略高于60—69岁的受访者中的比例（10.14%）。详见表9。

表9　受访者是否有信心识别网络信息的真假

年龄	识别网络信息真假的信心			样本数
	有信心	有时有信心，有时没信心	没信心	
不到60岁	41.67%	46.43%	11.90%	168
60—69岁	30.07%	59.79%	10.14%	286
70—79岁	21.05%	52.63%	26.32%	95
80岁及以上	31.58%	52.63%	15.79%	19

以445名受访者的年龄为自变量，以445名受访者是否怀疑网络平台健康讲座内容的科学性为因变量，展开交叉分析，结果发现：就是否怀疑网络平台健康讲座内容的科学性而言，不到60岁的受访者从不怀疑的比例（30.08%）高于达到或超过60岁受访者中的比例（20.00%—28.40%）。详见表10。

表10　受访者是否怀疑网络平台健康讲座内容的科学性

年龄	是否怀疑网络平台健康讲座内容的科学性			样本数
	从不怀疑	偶尔怀疑	经常怀疑	
不到60岁	30.08%	56.10%	13.82%	123
60—69岁	28.40%	61.32%	10.28%	243
70—79岁	26.09%	65.28%	8.63%	69
80岁及以上	20.00%	60.00%	20.00%	10

以445名受访者的年龄为自变量，以445名受访者是否怀疑网络平台健康讲座主讲专家的身份为因变量，展开交叉分析，结果发现：就是否怀疑网络平台健康讲座主讲专家的身份而言，60—69岁的受访者中从不怀疑的比例（39.09%）明显高于其他年龄段的受访者中的比例（20%—26.02%）。详见表11。

表 11　受访者是否怀疑网络平台健康讲座主讲专家的身份

年龄	是否怀疑网络平台健康讲座主讲专家的身份			样本数
	从不怀疑	偶尔怀疑	经常怀疑	
不到 60 岁	26.02%	57.72%	16.26%	123
60—69 岁	39.09%	48.56%	12.35%	243
70—79 岁	20.29%	57.97%	21.74%	69
80 岁及以上	20.00%	60.00%	20.00%	10

以445名受访者的年龄为自变量，以445名受访者是否购买网络平台健康讲座推荐的产品为因变量，展开交叉分析，结果发现：就是否购买网络平台健康讲座推荐的产品而言，60岁及以上的受访者中从不购买的比例（30.75%）明显低于不到60岁的受访者中的比例（39.83%）。详见表12。

表 12　受访者是否购买网络平台健康讲座推荐的产品

年龄	是否购买网络平台健康讲座推荐的产品			样本数
	从不购买	偶尔购买	经常购买	
不到 60 岁	39.83%	47.97%	12.20%	123
60 岁及以上	30.75%	57.45%	11.80%	322

以网络平台健康讲座是否只允许特定微信群的成员收听收看为自变量，以受访者是否怀疑网络平台健康讲座内容的科学性为因变量，展开交叉分析，结果发现：就是否怀疑网络平台健康讲座内容的科学性而言，收听收看"只允许特定微信群的成员收听收看的网络平台健康讲座"的受访者中，从不怀疑的比例（42.47%）显著高于收听收看"没有规定收听收看者必须是特定微信群的成员的网络平台健康讲座"的受访者中从不怀疑的比例（12.12%）。详见表13。

表 13　是否只允许特定微信群的成员收听收看、是否怀疑网络平台健康讲座内容的科学性交叉分析

是否只允许特定微信群的成员收听收看	是否怀疑网络平台健康讲座内容的科学性			样本数
	从不怀疑	偶尔怀疑	经常怀疑	
是	42.47%	48.63%	8.90%	146
有些是	24.03%	66.95%	9.02%	233
不是	12.12%	63.64%	24.24%	66

以网络平台健康讲座是否只允许特定微信群的成员收听收看为自变量，以受访者是否怀疑网络平台健康讲座主讲专家的身份为因变量，展开交叉分析，结果发现：就是否怀疑网络平台健康讲座主讲专家的身份而言，收听收看"只允许特定微信群的成员收听收看

的网络平台健康讲座"的受访者中，从不怀疑的比例（40.41%）显著高于收听收看"没有规定收听收看者必须是特定微信群的成员的网络平台健康讲座"的受访者中从不怀疑的比例（19.70%）。详见表14。

表14　是否只允许特定微信群的成员收听收看、是否怀疑网络平台健康讲座主讲专家的身份交叉分析

是否只允许特定微信群的成员收听收看	是否怀疑网络平台健康讲座主讲专家的身份			样本数
	从不怀疑	偶尔怀疑	经常怀疑	
是	40.41%	50.00%	9.59%	146
有些是	30.47%	54.08%	15.45%	233
不是	19.70%	54.55%	25.75%	66

以网络平台健康讲座是否只允许特定微信群的成员收听收看为自变量，以受访者是否购买网络平台健康讲座推荐的产品为因变量，展开交叉分析，结果发现：就是否购买网络平台健康讲座推荐的产品而言，收听收看"只允许特定微信群的成员收听收看的网

络平台健康讲座"的受访者中，经常购买的比例（10.95%）高于收听收看"没有规定收听收看者必须是特定微信群的成员的网络平台健康讲座"的受访者中"经常购买"的比例（6.07%）。详见表15。

表15　是否只允许特定微信群的成员收听收看、是否购买网络平台健康讲座推荐的产品交叉分析

是否只允许特定微信群的成员收听收看	是否购买网络平台健康讲座推荐的产品			样本数
	从不购买	偶尔购买	经常购买	
是	41.10%	47.95%	10.95%	146
有些是	24.03%	61.80%	14.17%	233
不是	48.48%	45.45%	6.07%	66

以网络平台健康讲座的主办方为自变量，以受访者是否购买网络平台健康讲座推荐的产品为因变量，展开交叉分析，结果发现：就是否购买网络平台健康讲座推荐的产品而言，收听收看学校、物业公司、新闻媒体、

美容机构安排的网络平台健康讲座的受访者中，经常购买的比例均高于15%；收听收看医药公司、养生机构安排的网络平台健康讲座的受访者中，经常购买的比例均低于6%。详见表16。

表16　网络平台健康讲座的主办方、是否购买网络平台健康讲座推荐的产品交叉分析

网络平台健康讲座的主办方	是否购买网络平台健康讲座推荐的产品			样本量
	从不购买	偶尔购买	经常购买	
医院或诊所	42.86%	46.43%	10.71%	56
卫健委或卫生局	31.58%	55.26%	13.16%	76
新闻媒体	27.08%	56.25%	16.67%	96
居委会或村委会	26.32%	63.16%	10.52%	57
物业公司	28.95%	52.63%	18.42%	38
医药公司	31.82%	63.64%	4.54%	22
养生机构	20.59%	73.53%	5.88%	34
美容机构	30.77%	53.85%	15.38%	13
学校	6.67%	73.33%	20.00%	15
其他	76.32%	23.68%	0.00%	38

四、关于老年人在线接触健康讲座的对策

针对老年人的健康讲座，大致可以分为两类。一是纯公益的健康讲座，由老年人所在单位、新闻媒体、老年大学等机构或单位主办或安排。这种讲座数量不多，一般不推荐、不销售具体的产品，主讲专家的身份和讲座内容科学性都比较可靠。二是带有营销性质的健康讲座[1]，由养生机构、医药保健品经销商等机构主办或安排，前期以小恩小惠的免费礼物为诱饵[2]，以讲座之名行促销之实，后期一般都会推荐、销售具体的产品。这种讲座数量不少，且逐渐依托新媒体在网络平台举办，陷阱不易识别[3]，受害者众多[4]，给许多老年人造成财产损失[5]。

从前述问卷调查的数据与有关报道来看，民间的健康讲座亟待规范管理[6]，针对网络平台的健康讲座，有必要从以下三方面加以改进。

（一）管理部门积极监督引导

从问卷调查可以看出，大多数老年人能够使用手机、电脑接触各类信息，部分老年人较为频繁地在网络平台收听收看健康讲座。

2016年中共中央、国务院印发的《"健康中国2030"规划纲要》明确指出，把健康城市

---

[1]　佳蕾.食药监局披露保健品宣传陷阱：健康讲座为促销 [J].老同志之友，2013（9）：55.

[2]　马仲器，张军敏."昂贵"的免费老年健康讲座 [J].上海质量，2012（4）：79.

[3]　唐光明."健康讲座"的复杂骗局 [J].共产党员，2010（3）：52.

[4]　郭淑华.被健康讲座忽悠 [J].老同志之友，2011（2）：43.

[5]　卢舜茜."健康讲座"专套老人钱 [J].食品与健康，2010（8）：40.

[6]　詹富强.民间健康讲座应规范管理 [J].中国食品药品监管，2009（9）：68.

和健康村镇建设作为推进健康中国建设的重要抓手。[①]目前，网络平台的健康讲座主办方性质多样，既有卫生部门，又有民间机构，信息良莠不齐，权威机构不是很多。因此，各级卫生行政管理部门应当顺应时代潮流，将日常组织健康讲座的工作与互联网结合起来，充当健康信息传递的领头羊，定期组织线上健康讲座；还可以与社区联动，将线下讲座与线上讲座结合起来，扩大正规健康讲座的影响力。

对在线健康讲座主讲专家的姓名、职务、职称、单位、成果和产品疗效等关键信息，卫生行政管理部门和网络信息管理部门要完善备案制度、提供举报渠道，若发现虚构、造假、诈骗等违法违规行为，坚决查处、曝光。

（二）网络平台要加强资质审核把关

加大对在线健康讲座的监管力度，是网络平台迫切需要解决的问题。

在数字化的传播语境中，技术成为一种区别于法律规范的重要规制力量。[②]网络平台可以开发网络信息技术审查系统，利用人工智能技术和人工识别技术提高对违法的健康讲座的甄别能力，堵住欺诈性健康讲座的入口。

但是，从问卷调查的结果来看，网络健康讲座相当一部分是封闭式的，需要加入特定微信群验证之后方能收听收看，具有极强的隐蔽性，这增加了网络平台、网络信息行

政监管部门、市场监督部门的监管难度。

对在线健康讲座主讲专家的姓名、职务、职称、单位、成果和产品疗效等关键信息，网络平台同样要完善备案制度、提供举报渠道，若发现虚构、造假、诈骗等违法违规行为，应及时保存违法违规证据（以便事后追惩），并及时阻止讲座的后续传播。[③]

（三）帮助老年人提升媒介素养，增强识别能力

在互联网以及社交媒体的使用中，老年人主要依靠子女的数字反哺进行学习，获得的微信等社交媒体的使用技能，主要集中在互动沟通、视频语音、微信转账、发放红包等工具性技能方面，而对于信息的筛选、批判、评论、甄别、转发等内容方面的反哺有所欠缺。[④]网络平台的健康讲座存在陷阱，许多老年人难以识别网络平台健康讲座的虚假信息，媒介素养有待提升。政府、学校、社区[⑤]等机构可以提供相应的培训课程，帮助老年人正确认识网络媒介，增强他们的信息鉴别能力。

有学者通过实施专门为老年人设计的网

---

① 中共中央 国务院印发《"健康中国2030"规划纲要》[EB/OL].（2016-10-26）[2022-09-04]. http://www.nhc.gov.cn/mohwsbwstjxxzx/s2908/201610/e0ba30afe7fc4f7ea8f49206fb92ac00.shtml.

② 张韵. 技术规制：数字平台版权价值体系的重构[J].中国出版，2020（11）：56-59.

③ "专家"办健康养生类讲座须备案 聘无资质人员从严处罚[EB/OL].（2014-11-16）[2022-09-04]. https://news.jxnews.com.cn/system/2014/11/16/013438197.shtml.

④ 《吾老之域：老年人微信生活与家庭微信反哺》报告发布，首度揭示老年人的数字生活[EB/OL].（2018-07-27）[2022-09-04]. https://baijiahao.baidu.com/s?id=1607135343103029840&wfr=spider&for=pc.

⑤ 江晓月，陈小梅，欧丽萍，等.社区开展健康讲座对农村老年保健的需求调查和效果评价[J].中国医药导报，2010，7（5）：141-142.

络健康素养提升培训项目，发现培训干预在一定程度上的确改善了老年人的网络健康信息搜寻、加工能力①，并产生了一定的延续效应，即培训结束后仍通过互联网收集健康信息、践行健康行为。② 媒介素养的提升有助于提高老年群体对网络信息来源的识别和鉴别能力，帮助他们了解哪些来源能提供高质量的信息，并根据来源的总体质量判断具体信息的可信度。③

在家庭场域，老年人的配偶④、子女、孙辈可以通过指出陷阱、好言规劝、共同探讨等家庭传播手段，提升老年人的媒介素养，帮助他们获得辨识真假信息的能力，规避诈骗型在线健康讲座，降低上当受骗的风险，使老年人以戒备心态理性接触网络平台健康讲座。

---

① ONODU B, CULAS R, NWOSE E U.Impact of public health lecture intervention on consumption behaviour towards indigenous staple carbohydrate foods[J].International journal of community medicine and public health, 2020, 7(3): 841-847.

② TSE M M Y, CHOI K C Y, LEUNG R S W. E-health for older people: the use of technology in health promotion[J]. Cyberpsychology & behavior, 2008, 11(4): 475-479.

③ SCHULZ P J, PESSINA A, HARTUNG U, et al. Effects of objective and subjective health literacy on patients' accurate judgment of health information and decision-making ability: survey study[J]. Journal of medical internet research, 2021, 23(1): 152.

④ ERMALIA H, ANNAS J Y, HANDAYANI S. Effect of health lecture using media and peer-education on long acting and permanent methods of contraception[J]. Jurnal ners, 2019, 14(1): 101-105.

参考文献：

[1] 陈梁.健康传播：理论、方法与实证研究[M].北京：知识产权出版社，2020.

[2] 宋玫，张超.健康科普：人际传播的实践艺术[M].北京：人民军医出版社，2013.

[3] 高警兵.老年人健康讲座消费点评[J].中国市场监管研究，2017(3)：38-39.

[4] 生如夏花."健康讲座"忽悠了谁[J].老同志之友，2009(17)：45.

[5] 张综."健康讲座"背后多陷阱[J].质量探索，2009(11)：36.

[6] 张铁鹰.小心健康讲座中的陷阱[J].祝您健康，2011(3)：51.

[7] 无锡民建呼吁：警惕虚假"健康讲座"坑害老年人[EB/OL].(2010-07-27). https://jxzx.jxnews.com.cn/system/2010/07/27/011440754.shtml.

[8] CHU A, MASTEL-SMITH B. The outcomes of anxiety, confidence, and self-efficacy with internet health information retrieval in older adults: a pilot study[J]. Computers, informatics, nursing, 2010, 28(4): 222-228.

作者简介：

王卫明，南昌大学新闻与传播学院教授、博士生导师。

李婷玉，江西中医药大学讲师。

王熙远，江西中医药大学本科生。

网络谣言学术场域的知识图谱与进展述评

——基于中文社会科学引文索引（CSSCI）文献分析

李黎 雷蕾

[摘要] 在全球重大医疗卫生事件新冠疫情的冲击之下，网络谣言再次凸显，成为新时代传播治理的重要命题。本文运用分析软件CiteSpace，以可视化科学知识图谱为基础，对2005—2020年中国知网数据库中关于网络谣言研究的145篇被CSSCI收录的文献进行了文献趋势分析、学科领域分析、核心作者分析、媒介阵地分析、知识基础分析、研究热点分析以及突现分析等，以期钩沉我国网络谣言问题研究的发展脉络，眺望研究图景，从学科分布、关注对象、理论方法、分析主体与动力导向等方面，结合现有研究，提出学科有效交叉、丰富研究方法与创新研究路径等建议。

[关键词] 网络谣言；科学知识图谱；CiteSpace；CSSCI；社交媒体

引　言

在人人都有麦克风的时代，信息在流畅的传播过程中滋生出网络谣言等一系列问题，从以前的博客、贴吧到现在的微博、微信、QQ，通信工具与社交平台的更迭始终都伴随着或大或小的谣言传播。网络谣言具有容量大、传播速度快、犯罪成本低、发布隐蔽性强等属性，轻则影响少数公民的个人判断，导致误读，重则形成错误的社会舆论导向，扰乱正常的生活、生产秩序，造成严重的经济损失，乃至人身安全问题。

在新冠疫情的冲击下，网络谣言再次抬头，为各地居民带去了不必要的恐慌，并引起了学者的进一步关注。2020年12月，在北京召开了网络谣言行业治理研讨会。会议就网络谣言现状与危害、企业维权与法律规制、社会各方如何进行多维共治等问题展开深入探讨，旨在共同探索治理网络黑灰产[①]、维护企业网络商誉、净化网络空间的解决路径。

面对这样的现实治理需求，不同学科领域的学者都从自身的学科角度对网络谣言议题进行了不同学科背景的探讨。本文旨在将已有的学术成果进行汇总分析，梳理出现有的学术脉络，俯瞰议题研究的优缺点，为后续的研究提供较为综合的参考。由于收集的文献体量较大，难以用传统的统计方式统计，因此，本文选用CiteSpace（5.7.R1版本）工具对文献进行整理耙梳，将客观的数据统计引入以往偏重主观分析的研究方法中。

一、数据获取、参数设置与研究方法

（一）数据获取

为了充分保证资料的科学权威性与真实可靠性，本文引用的所有资料均已入选中国知网中的CSSCI。打开知网"高级检索"页面，关键词设为"网络谣言"，时间范围设为2005—2020年，来源类别设为CSSCI，进行检索，共获取148篇文献。去除新闻报道、会议通知、期刊快讯、信息摘录不全等文献，仅选择论文作为数据，去除明显不符合论文要求的文献，最终共获取145篇文献，作为研究数据。

---

① 黑灰产指的是电信诈骗、钓鱼网站、木马病毒、黑客勒索等利用网络开展违法犯罪活动的行为。"黑产"指的是直接触犯国家法律的网络犯罪；"灰产"则是游走在法律边缘，往往为"黑产"提供辅助的争议行为。——编者注

（二）参数设置

将上述获取的数据转换成适用于CiteSpace软件分析的Web of Science（科学引文数据库，简称WOS）数据源：145篇文献有效转换145篇，转换率为100%；2745条引文有效转换2740条，有效率达99%。将转换后的数据导入CiteSpace软件进行数据分析和科学知识图谱的生成，并对相关参数进行设置。

1.Time Slicing（时间分割）：2005—2020年。

2.Years Per Slice（最小统计时间）：1年。

3.Term Source（术语来源）：用于选择主题词提取位置，选择Title（标题）、Abstract（摘要）、Author Keywords（作者关键词）与Keywords Plus（拓展关键词）。

4.Term Type（术语类型）：Noun Phrases（名词短语）。

5.Node Types（节点类型）：Author（作者）、Institution（机构）、Keyword（关键词）、Reference（共引文）、Cited Author（共引作者）。

6.G-index（G指数）：30。

7.TopN（频率选择）：30。

8.Pruning（裁剪）：Pathfinder（路径寻找）。

如无特别说明，以上参数在进行各项节点类型数据分析时均不更改。依据研究时的数据分析与图谱绘制的需要，为了保证数据

具有一定的科学性，或图谱更加美观，将适当做出相应调整，届时单独说明。①

（三）研究方法

基于文献计量的学科方法，本文主要采用了文献资料的信息可视化、信息技术的可视化、科学知识的图谱以及对文本的内容进行分析的研究方法，多维度解读并分析了我国网络谣言议题的研究演变进程及其发展脉络，展现了该领域研究的特征。信息技术的可视化主要以各个相关的知识领域为核心和对象，显示各种科学知识的产生、发展历史及其内部结构之间的关系的图像，揭示各个知识单元或者各个知识集群之间的结构、交叉、互动与演化等诸多复杂的关系。②文章运用的知识图谱分析软件为CiteSpace（5.7.R1版本），它是美籍华人陈超美博士开发的基于Java程序运行的文献分析与可视化工具，能够以多样化视图模式展现学科领域共被引网络关系。③本文先用CiteSpace工具对文献数据进行梳理，然后在此基础上进行传统综述式的阅读归纳与内容分析。

---

① 顾理平，范海潮.网络隐私问题十年研究的学术场域：基于CiteSpace可视化科学知识图谱分析（2008—2017）[J].新闻与传播研究，2018，25（12）：57-73，127.
② 陈悦，陈超美，刘则渊，等. CiteSpace知识图谱的方法论功能[J].科学学研究，2015，33（2）：242-253.
③ CHEN C M. CiteSpace Ⅱ: detecting and visualizing emerging trends and transient patterns in scientific literature[J].Journal of the american society for information science and technology，2006，57（3）：359-377.

二、数据分析结果

（一）文献数量与发展趋势

将文献的发表年份进行统计，制成图1。该图呈现了我国关于网络谣言议题研究的发文量趋势。网络谣言议题的发文量具有显著的社交媒体导向性，总体来看呈波动上升的趋势，但起落幅度较大。

根据图1，可以将网络谣言的研究分为三个阶段。第一阶段为萌芽阶段（2005—2010年），这一阶段发文3篇，占比2%。在CSSCI数据库中，网络谣言议题最早受到关注是在贴吧、论坛等社交媒体发展时期。2005年，发表了第一篇与网络谣言相关的论文《网络谣言传播及其社会影响研究》。随后的几年内，该议题并没有引起较大的学术关注，只是偶发性地发表少量文章。第二阶段为爆发阶段（2011—2016年），这一阶段发文84篇，占比58%。结合关键词时区图谱（见图2）可以发现，以微博的崛起为主要动力引发了对网络谣言的集中关注，随之网络谣言传播模型、传播规律、政府介入、舆情管理、法律治理等方面的研究不断完善，在2014—2016年达到顶峰并趋于稳定和完善。第三阶段为成熟阶段（2017—2020年），这一阶段发文58篇，占比40%。2020年发生了全球重大的医疗卫生事件新冠疫情，造成了全民恐慌。在此种情形之下，网络谣言再次抬头。学者对症下药，形成大量研究成果，将网络谣言议题的研究推向第二个峰值。在成熟阶段，法律法规以及治理体系基本完善，

更多的是针对具体事件进行讨论和研究。结合时区图可以看到，此阶段出现了大量针对

突发事件、案例分析、政治安全与信任等议题的研究。

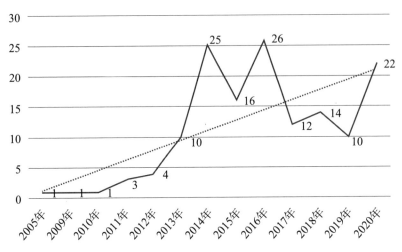

图1　2005—2020年网络谣言议题研究成果数量

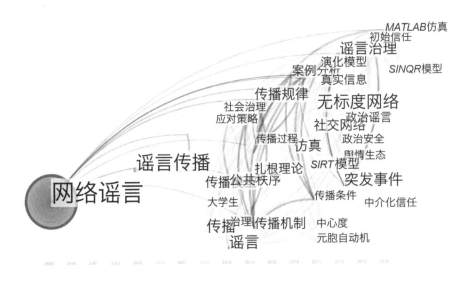

图2　关键词时区图谱

（二）网络谣言议题的学科领域

通过数据分析结果来看（见图3），对网络谣言议题的关注集中在人文社会科学领域，其中关注最多的学科是图书馆、情报与文献学，发文量高达75篇，占研究总量的一半以上。图书馆、情报与文献学包括图书馆学情

报学基础、图书情报工作管理、信息资源建设、信息组织、信息检索、情报分析与研究、信息服务与用户研究、文献学8个部分，研究领域广泛，且与其他学科存在大量交叉。其次为法学、社会学、管理学、新闻学与传播学、政治学、经济学与哲学对网络谣言议题的关注较多，它们都从不同角度为网络谣言研究提供了多元化研究方向。

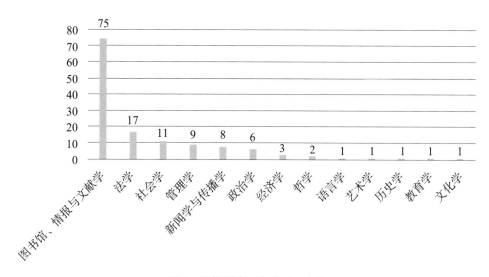

图3　网络谣言研究学科分布图

（三）核心作者分析

1.作者合作分析

一批具有深厚的学术功底与学术眼光的学者是推动网络谣言研究进步的能动因素。学者个人的学术兴趣与研究热情的大量汇集势必能带动该领域的研究。在CiteSpace软件中，"Node Types"选择"Author"，"Pruning"选择"Pathfinder"进行分析，得到图4。由图4可知，Density=0.0077，共现密度较低。其中以"兰月新—张鹏—李昊青"为核心的学术团体辐射了较多研究学者，此外还形成了以"朱恒民—沈超—朱庆华""方付建—王国华—陈强"等为小核心的学术团体，团体成员之间存在一定的合作关系。"兰月新—张鹏—李昊青"核心团体的形成主要依托于中国人民警察大学的学缘关系与业缘关系。网络谣言议题作为该特色院校的研究方向之一受到了更多关注。

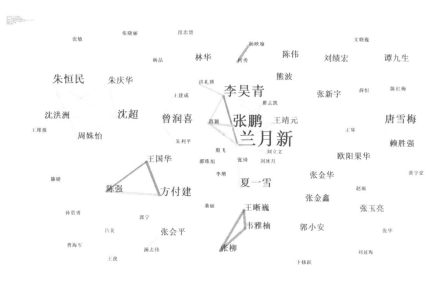

图4　核心作者合作网络共现图谱

2.作者发文量分析

将CiteSpace中的作者信息进行"Network Summary Table"呈现，可以观测到不同作者的发文量。所有合作作者共有205位，将其中发文量排名前十的作者制成图5。我们可以看到，只有兰月新的发文量达到了10篇，其毫无疑问成为该研究领域的领军人物，其余作者的发文量很少，甚至很多作者只有单篇发文量。这表明该领域缺乏持续深耕的作者，研究深度较为缺乏。

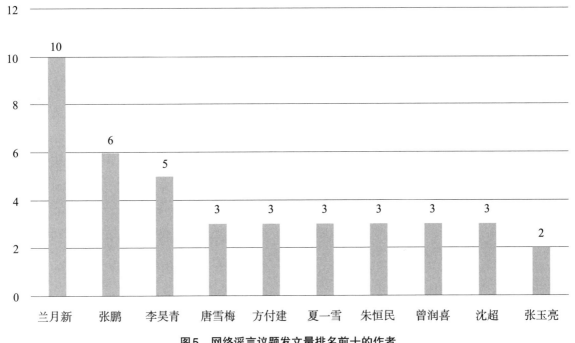

图5　网络谣言议题发文量排名前十的作者

3.文章被引用分析

一篇文章被其他学者引用的频率能够极大程度地说明这篇文章的参考价值。如表1所示，选取了网络谣言研究领域被引用次数排名前十的文章。我们从中可以发现，孙万怀、卢恒飞两位学者合写的《刑法应当理性应对网络谣言：对网络造谣司法解释的实证评估》被引用次数达259次，远高于被引用次数排名第二的文章。该文章就什么是虚假信息、什么是公共秩序、什么是主观罪过进行了翔实的论述，对原生问题进行了基本解释。[①]因此，

这篇文章对于网络谣言的研究具有奠基意义。同时，王国华、方付建两位学者合写的两篇文章上榜，两篇文章被引用次数共计269次，足见学术影响之大。通过对被引用次数排名前十的文章的分析，我们可以发现，这些作者的文章主要是对网络谣言问题的基本成因、传播模型与法律规制等基础问题展开原生讨论，有极少的案例研究。

结合前文发文量分析，我们发现发文量较高的几位学者所写文章的被引用量并不高，在某种程度上可能表明其文章欠缺为后续研究提供参考的价值。

---

① 孙万怀，卢恒飞.刑法应当理性应对网络谣言：对网络造谣司法解释的实证评估［J］.法学，2013（11）：3-19.

表 1　网络谣言议题领域被引用次数排名前十的文献

序号	文章名	作者	年份（卷）期数	刊物	被引用次数
1	刑法应当理性应对网络谣言：对网络造谣司法解释的实证评估	孙万怀，卢恒飞	2013（11）	《法学》	259
2	论网络谣言的法律规制	谢永江，黄方	2013（1）	《国家行政学院学报》	146
3	网络谣言传导：过程、动因与根源——以地震谣言为例	王国华，方付建，陈强	2011，13（2）	《北京理工大学学报（社会科学版）》	144
4	网络谣言传播及其社会影响研究	邓国峰，唐贵伍	2005（10）	《求索》	131
5	基于案例分析的网络谣言事件政府应对研究	王国华，汪娟，方付建	2011，30（10）	《情报杂志》	125
6	网络谣言的形成、传导与舆情引导机制	姜胜洪	2012（6）	《重庆社会科学》	116
7	"后真相"时代网络谣言的话语空间与传播场域研究：基于微信朋友圈4160条谣言的分析	李彪，喻国明	2018（2）	《新闻大学》	74
8	网络谣言刑法治理的基本立场	陈小彪，佘杰新	2014，35（1）	《吉首大学学报（社会科学版）》	72
9	网络谣言成因及治理对策研究	白树亮	2010（4）	《新闻界》	69
10	网络谣言扩散动力及消解：以地震谣言为例	陈强，方付建，徐晓林	2010，54（22）	《图书情报工作》	68

（四）媒介阵地分析

就网络谣言相关论文的期刊发表情况，整理出发文量最高的前十名期刊，制成图6。发文量越高的杂志，说明该杂志对于网络谣言议题的关注度越高，接收了大量的相关来稿。其中《情报杂志》以21篇的绝对优势位列第一，其次是《情报科学》《现代情报》《现代传播》《中州学刊》等杂志。这与前文所分析的学科结构相对应，学科阵地仍围绕发文最多的图书馆、情报与文献学建立。

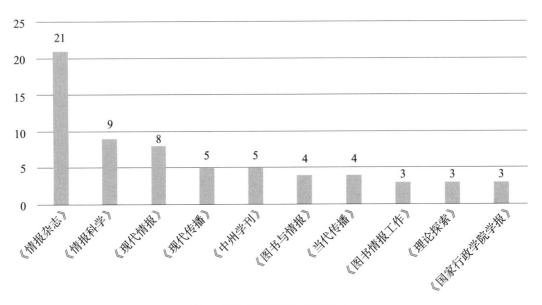

图6　网络谣言议题的媒介阵地

（五）知识基础分析

将数据进行共被引分析，选择"Reference"，在"Export"中选择"Network Summary Table"，生成共被引高频率文献表。观测文献的被引具有频率、程度、中心性等多种算法维度，在此仅选用频率作为分析依据。共被引排名前五的文章在内容上都给予了原则性、基础性的解释，可以视为该领域后续研究的知识基础。

《网络谣言传导：过程、动因与根源——以地震谣言为例》一文从网络谣言主体传导的传播路径、主体和传播媒介两个不同角度详细阐释了网络谣言的主体传导活动过程，以谣言传导中发布者、传播者、行动者和模仿者等为视角分析了谣言传导的动因，认为信息失真、信息不对称、缺乏安全意识、从众心理、公信力危机、社会记忆等是网络谣

言传导的内在基础。[1]《论网络政治谣言及其社会控制》一文认为网络媒体传播具有数量大、离散性和无国界的特征，国际、国内政治斗争的现实需要使网络谣言难绝其根，应充分认识到网络政治谣言对国家政治安全的危害，采取必要政治措施和技术手段加以控制。[2]《网络谣言传播的特点及其应对》一文认为防范谣言传播负面影响的关键在于充分发挥传统主流媒体的影响和培养网民的理性精神。[3]《基于案例分析的网络谣言事件政府应对研究》一文从辟谣时间、辟谣方式、辟谣内容等方面对政府应对方式和效果进行分析，然后从谣言源、谣言流、谣言受众三个角度

① 王国华，方付建，陈强.网络谣言传导：过程、动因与根源——以地震谣言为例［J］.北京理工大学学报（社会科学版），2011，13（2）：112-116.

② 张雷.论网络政治谣言及其社会控制［J］.政治学研究，2007（2）：52-59.

③ 陈红梅.网络谣言传播的特点及其应对［J］.编辑学刊，2009（6）：37-41.

分析了谣言应对的困境，提出加大造谣者惩罚力度、监测谣言载体、提高网民甄别能力、拓展辟谣通道与方法，以有效地应对网络谣言事件。[①]

（六）研究热点分析

1.关键词共现分析

将用CiteSpace处理过的数据导出，"Node types"选择"Keyword"，生成关键词共现图谱（见图7），"Threshold"阈值取4。最终生成268个节点，394条连线，Density为0.011，表明关键词之间的联系较弱。节点大小表示出现的频次，连线的强弱表示共现的强度。我们可以看到，部分关键词有较强的中心性，成为该领域甚至是连接相关领域的关键节点。

将关键词共现图谱以"Network Summary Table"的形式导出并进行整理，得到表2。关键词的中介中心性表示该关键词在整个共现网络中的媒介作用的强弱。通常以中介中心性大于0.1为重要性的判断标准，表明该关键词在知识结构中有着特定作用。结合图表可以发现，在关于网络谣言议题的研究当中，网络谣言（124，0.67）、谣言传播（11，0.10）、突发事件（6，0.05）、传播（5，0.05）、谣言治理（4，0.05）作为关键信息被反复讨论，表明网络谣言研究更多地从传播学角度进行探讨，并结合案例分析，从行政角度提供对策建议。

图7 关键词共现图谱

---

① 王国华，汪娟，方付建.基于案例分析的网络谣言事件政府应对研究［J］.情报杂志，2011，30（10）：72-76.

表2　网络谣言议题高频中心词及中介中心性

序号	关键词	频次	程度	中介中心性
1	网络谣言	124	63	0.67
2	谣言传播	11	24	0.10
3	谣言	7	12	0.04
4	突发事件	6	11	0.05
5	传播	5	12	0.05
6	无标度网络	4	15	0.02
7	传播模型	4	8	0.04
8	谣言治理	4	10	0.05
9	言论自由	3	2	0.01
10	政治谣言	3	6	0.00

2.关键词聚类分析

相较于对关键词的表面化呈现，CiteSpace的更强大的功能在于对信息的聚类处理，能够更直观地呈现在该时间段中对网络谣言研究的问题特征。聚类分析的Modularity值是图谱模块评价的重要指标。一般来说，Modularity值大于0.3，表明聚类划分的结构是显著的。Mean Silhouette是衡量网络同质性的指标，一般来说，Mean Silhouette值大于0.5，表明聚类是合理的。[①]本文对文献信息聚类后得到的Modularity值为0.7756，Mean Silhouette值为0.7139。表明聚类效果良好，具有显著性，可以用于分析研究。

在"Node Types"中加选"Reference"，对聚类图谱进行进一步"Cluster Explore"（聚类探索）处理，得到关键词的Mean Silhouette

---

① 陈悦,陈超美,胡志刚,等.引文空间分析原理与应用：CiteSpace实用指南［M］.北京：科学出版社,2014：43.

值、节点数、标识词等信息。以节点数为参照，对重要的关键词制成表3。从高到低分别是突发事件、Hayashi数量化理论Ⅲ、谣言传播、传播过程、传播、公共秩序、传播模型、地震谣言、法律规制、传播机制、扎根理论。

表3　网络谣言研究重要关键词聚类及其标识词

聚类编号	节点数	轮廓值	年份	聚类标识词
0	34	0.94	2017	突发事件
1	32	0.99	2013	Hayashi 数量化理论Ⅲ
2	30	0.942	2017	谣言传播
3	28	0.804	2013	传播过程
4	26	0.913	2016	传播
5	24	0.979	2016	公共秩序
6	22	0.976	2013	传播模型
7	16	0.975	2011	地震谣言
8	8	0.993	2016	法律规制
9	8	0.959	2015	传播机制
10	7	0.994	2015	扎根理论

由于部分标识词具有相近的表意，为了更好地划分知识群，我们将标识词进行合并归类。将"谣言传播""传播机制""传播模型""传播"与"传播过程"进行合并，将"Hayashi数量化理论Ⅲ"与"扎根理论"进行合并，将"地震谣言"与"突发事件"进行合并，将"法律规制"与"公共秩序"进行合并。再根据需要，将聚类中内容相似的标识词划分为同一知识群，由此得到表4。

表4　主要知识群及重要关键词一览表

知识群名称	高频关键词
网络谣言方法研究	网络谣言、扎根理论、信任、谣言认知、舆情管理、Hayashi 数量化理论Ⅲ、社会风险、传播流、启示、内涵、微媒体、策略、从众心理、治理、政府介入、环境事件、反应、情景构建、信息接收、有效性、传播模式、角色控制
网络谣言传播研究	谣言传播、谣言、传播、无标度网络、传播模型、社交网络、谣言治理、传播过程、仿真、传播机制、应对策略、公共事件、大学生、传播规律、微分方程模型、CNKI、传染病模型、SINQR 模型、消费者信任修复、新冠肺炎疫情、兴趣衰减、移动社交网络、发展趋势、信源、SEIR 模型、传染病动力学、政治信息、线性阈值、事前防控、MATLAB 仿真、传播条件、公共卫生事件
网络谣言案例研究	突发事件、政治谣言、社会治理、政治安全、地震谣言、谣言识别、非制度化参与、合作模式、用户信任、微分方程、模式、BP 神经网络、防治对策、特征分析、演化博弈、传导机制、三方博弈、前景理论、非理性化参与、系统动力学、扩散动力、情感词典、教育策略、政治诱因
网络谣言治理研究	公共秩序、法律规制、涉众事件、信息公开、政府规制、拒不履行信息网络安全管理义务、行业规范、司法认定、虚假信息、社会情境、普通网络谣言、传播行为、扰乱公共秩序、法律授权、刑法边界、煽动性言论

3. 主要研究热点与知识群分析

根据表4所划分的知识群，进一步对各个聚类关键词进行"Listing Citing Papers to the Cluster"操作，得到各项聚类的文献，对知识群下涉及的 Cited Article 进行梳理与精读，对热点进一步分析。

（1）网络谣言方法研究

在对聚类标识词进行初步分析的过程中，我们将"Hayashi 数量化理论Ⅲ"与"扎根理论"合并，作为"网络谣言方法研究"进行进一步的归纳、拓展与分析。在精读 Cited Article 的基础上，我们发现该领域具有如下研究焦点。

一是采用分类方法的分析。学者采用 Hayashi 数量化理论Ⅲ对谣言进行代表性、危害性、影响力、攻击性、传播性、生命力与辨识度等七个属性的评估，通过调整网络谣言的数量类型，从认知的角度将网络谣言分为简单谣言、复杂谣言、不明确谣言三种类型。[1]从谣言的传播模式来看，有学者将其分为链状传播模式、树状传播模式、旋涡型的复式传播模式。链状传播模式，即一对一的谣言传播，一环扣一环的过程是其本质；树状传播模式，即一个人或多个人传向另外一个人，再由多名传播者进行谣言传播的模式，基本符合网络谣言的传播模式；旋涡型的复式传播模式，即融合了口头传播、网络传播与媒体传播等多种形式，容易形成更大的传播旋涡，具有更大的舆论效应。[2]

二是司法角度的实证研究。从法律角度探索了网络谣言的基本概念问题，如提出进一步规范对寻衅滋事罪的使用，界定了虚假

---

[1] 张鹏，兰月新，李昊青，等.基于认知过程的网络谣言综合分类方法研究[J].图书与情报，2016（4）：8-15.

[2] 程萍，靳丽娜.网络谣言的传播及控制策略[J].编辑之友，2013（8）：79-81.

信息的特征，认为这为后续的网络谣言研究的概念阐释奠定了相关法理基础。①

（2）网络谣言传播研究

将聚类标识词中的"谣言传播""传播过程""传播""传播模型"与"传播机制"合并，作为传播话题进行讨论分析。在精读列举的文献后，我们发现该领域具有以下探讨的热点知识。

一是对传播控制的研究。学者在传播模型SIR模型（Susceptible Infected Recovered Model）的基础上改进出SINQR网络谣言传播模型，并对其进行仿真实验，通过谣言传播率、受导控率、主动免疫率与导控时间四个维度分析，最终证实SINQR具有更优的适用性。②在仿真实验的过程中，学者发现，在不稳定的社会环境中，只有领导型的用户做出反谣言行为才有效，用户的谣言或反谣言态度会直接影响其接受或反对谣言，谣言控制中心的强度与其作用有直接联系。③

二是对传播趋势的研究。学者通过对比国内外的谣言传播、检测模型，认为未来研究将主要围绕区块链在社交媒体网络谣言治理中的应用、机器学习技术在网络谣言中的应用、老年群体社交媒体的网络谣言治理等方面。④未来几年，我国学者对传播领域

的研究应当将工作重点放在普适性网络谣言传播模型、高效网络谣言检测、网络谣言自消解模式、大数据环境的新型辟谣机制等方面。⑤

三是对传播治理的研究。学者提出需构建政府体制外的多元主体治理结构，加强具体领域研究，强化实证案例研究。⑥

四是对传播模型的研究。学者构建了网络谣言发生的宏观模型与微观模型，利用MATALB进行模拟仿真和相轨线分析，在奥尔波特谣言心理学及对信息重要性与信息不透明度的基础上提出：突发事件的网络谣言=（网民）关注度×（信息）模糊度×（网民）判断能力。⑦还有学者借用疾病传播的兴趣衰减和社会强化机制分析网络谣言的传播，表明合理利用兴趣衰减能够有效减小网络谣言的传播规模，而社会强化机制的不当利用容易使辟谣行为陷入"塔西佗陷阱"。⑧还有观点认为，网络谣言的发生机制是权益被侵犯的客观事实及其极端情绪，通过信息流瀑与从众心理形成强化机制，以群体极化作为社会传染和扩散机制，以偏颇吸收作为扭曲机制。⑨

① 孙万怀，卢恒飞.刑法应当理性应对网络谣言：对网络造谣司法解释的实证评估［J］.法学，2013（11）：3-19.

② 张金鑫，王丽婷，张金华.具有多个传播源的网络谣言传播与导控模型研究［J］.情报科学，2020，38（11）：115-120.

③ 顾秋阳，琚春华，鲍福光.融入用户偏好选择的社交网络谣言传播和控制的演化博弈模型研究［J］.情报科学，2020，38（7）：59-68.

④ 王晰巍，李文乔，韦雅楠，等.社交媒体环境下网络谣言国内外研究动态及趋势［J］.情报资料工作，2020，41（2）：39-46.

⑤ 贾硕，张宁，沈洪洲.网络谣言传播与消解的研究进展［J］.信息资源管理学报，2019（3）：62-72.

⑥ 童文胜，王建成，曾润喜.我国网络谣言研究议题与内容文献分析：以CNKI数据库2002—2013年为样本［J］.情报杂志，2014，33（7）：135-140，150.

⑦ 兰月新.突发事件网络谣言传播规律模型研究［J］.图书情报工作，2012，56（14）：57-61.

⑧ 张亚明，唐朝生，李伟钢.在线社交网络谣言传播兴趣衰减与社会强化机制研究［J］.情报学报，2015，34（8）：833-844.

⑨ 顾金喜."微时代"网络谣言的传播机制研究：一种基于典型案例的分析［J］.浙江大学学报（人文社会科学版），2017，47（3）：93-103.

（3）网络谣言案例研究

在对聚类标识词进行初步分析后，将"地震谣言"与"突发事件"合并为"网络谣言案例研究"。对列举的文献进行精读后，我们发现有以下研究热点得到了集中讨论。

一是对国外谣言防治经验的借鉴。在对西方国家（如英国、美国、德国等）进行参照之后，认为我国的网络谣言防治能得到一些启示：健全相关法律法规；建立健全辟谣信息发布机制；以网络技术创新为抓手，提升技术监管能力；开展网络媒介素质教育。[①]

二是对网络谣言的传播机制进行案例的观察。认为事件类型、传播主体、传播媒介、信息受众与信息干预是网络谣言得以传播的五大条件，并认为以传播媒介为核心，不同条件组合之下的谣言有不同的协同应对策略。[②]有学者将网络谣言的传播蔓延模式分为复制式蔓延、转化式蔓延与复合式蔓延，通过建模找出不同的变量因子，并对症下药。[③]还有学者通过对传播主体关系进行建模演化与仿真分析，归纳出"无事先防，事初防变，事过防复"的治理策略。[④]在前景理论的指导下，将网络谣言监管三方——造谣者、网络平台与政府进行三方演化博弈分析，认为该

模型并不存在稳定的演化策略，建议政府对造谣者与网络平台加大造谣处罚力度。[⑤]

（4）网络谣言治理研究

依据标识词将"法律规制"与"公共秩序"合并为"网络谣言治理研究"。我们在精读列举的文献的基础上总结出如下知识群热点。

一是网络谣言的区别治理。学者认为，对不同的谣言要区别对待，并非所有的谣言都需要政府插手，对于普通谣言而言，更需要市场的自我调节；具有严重危害性与虚假性的焦点网络谣言应当由政府出面直接规制，建立涵盖针对传播信息、传播载体和传播者的梯度体系。[⑥]网络服务的提供者、用户与技术是整个网络空间基本的组成要素，与之相对应的行业自律、教育与技术在网络空间中的运作逻辑有所区别，应该建立"平台—用户—技术"三位一体的网络传播谣言综合治理工作机制。[⑦]同样地，对于网络谣言与网络水军也应当"分而治之"，网络谣言立足于刑法典中的实害犯，而刑法轻缓化应成为网络水军刑法治理的理念。[⑧]

二是网络谣言的法理治理基础。学者提出应区分私人言论与公共言论，对公共言论的网络谣言以"捏造或歪曲事实"为认定标

① 孟鸿，李玉华.我国网络谣言防治对策探讨[J].理论探索，2012（4）：107-110.

② 苏宏元，黄晓曦.突发事件中网络谣言的传播机制：基于清晰集定性比较分析[J].当代传播，2018（1）：64-67，71.

③ 张玉亮，贾传玲.突发事件网络谣言的蔓延机理及治理策略研究[J].情报理论与实践，2018，41（5）：91-96.

④ 兰月新，夏一雪，刘冰月.面向突发事件的网络谣言传播主体建模与仿真研究[J].情报科学，2018，36（5）：119-125.

⑤ 张金华，陈福集，张金鑫.基于前景理论的网络谣言监管三方演化博弈分析[J].情报科学，2018，36（10）：84-88.

⑥ 林华.普通网络谣言与焦点网络谣言的传播逻辑异同[J].情报杂志，2020，39（9）：116-120.

⑦ 林华.网络谣言治理市场机制的构造[J].行政法学研究，2020（1）：66-76.

⑧ 卢建平，姜瀛.疫情防控下网络谣言的刑法治理[J].吉林大学社会科学学报，2020，60（5）：40-51，235-236.

准，在危害后果的认定层面应以"公众生活的平稳与安宁"为核心，并且引入比例原则审查，主观故意的认定方面，采用"实质恶意"原则。[①] 有学者考虑到网络谣言入刑需要考虑手段的正当合法，衡量法律成本与实际效益，建议首要目标在于将现实危害转换为社会防卫。[②]

（七）突现分析

在对关键词及知识进行分析后，对主题词、关键词进行"Citation/Frequency Burst"操作，进行突现分析，共展现出两个突现节点，一个为张雷2007年发表于《政治学研究》上的文章《论网络政治谣言及其社会控制》，在2010—2013年被高频引用；另一个为关键词"突发事件"，它在2005年首次被提出，在2018—2020年被大量使用。

《论网络政治谣言及其社会控制》一文在2010—2013年被较多引用。在"Node Detail"中制成图8、图9。六篇施引文献分别为《基于案例分析的网络谣言事件政府应对研究》《网络谣言的负效应与社会正能量应对》《网络谣言传导：过程、动因与根源——以地震谣言为例》《网络谣言扩散动力及消解：以地震谣言为例》《网络谣言的政治诱因：理论整合与中国经验》《我国网络谣言防治对策探讨》。这一时段出现大量以政府视角撰写的文献，结合政治谣言与社会治理两个议题形成了较为丰富的研究成果。作为早期研究成果，《论网络政治谣言及其社会控制》被较多地提及与借鉴。

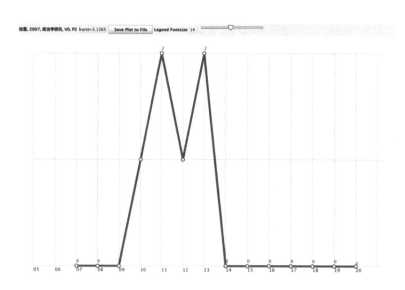

图8 《论网络政治谣言及其社会控制》被引用强度年份图

① 孟凡壮.网络谣言扰乱公共秩序的认定：以我国《治安管理处罚法》第25条第1项的适用为中心 [J].政治与法律，2020（4）：71-80.
② 冯建华.网络谣言入罪的尺度与限度：以风险刑法为分析视角 [J].新闻与传播研究，2020，27（2）：5-24，126.

The History of Appearance	The Keyword Appeared in 6 Records	
#	Citations	Citing Article
1.	0	王国华，2011，情报杂志，V30，P72
2.	0	郑晓燕，2013，江西社会科学，V33，P240
3.	0	王国华，2011，北京理工大学学报(社会科学版)，V13，P112
4.	0	陈强，2010，图书情报工作，V54，P29
5.	0	郭小安，2013，武汉大学学报(人文科学版)，V66，P120
6.	0	孟鸿，2012，理论探索，V，P107

图9　引用《论网络政治谣言及其社会控制》研究文献

"突发事件"一词在2018年突然被提起。在"Node Detail"中制成"突发事件"强度年份图（见图10），我们从中可以看到，在"突发事件"提出后的十几年内均未有相关研究，但在2018年突然被五篇文献使用（见图11）。反观2018年，这一年正是突发事件不断发生的一年。在这样的现实情况的导向下，学者纷纷转向突发事件及其谣言相关议题的研究，形成了爆发性的研究成果。

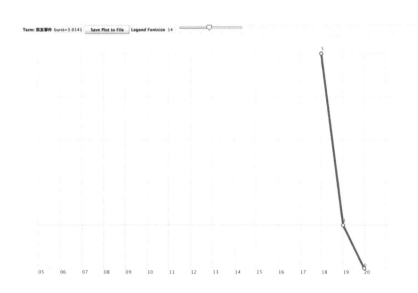

Term: 突发事件 burst=3.0141　Save Plot to File　Legend Fontsize 14

05　06　07　08　09　10　11　12　13　14　15　16　17　18　19　20

图10　"突发事件"强度年份图

The History of Appearance	The Keyword Appeared in 6 Records	
#	Citations	Citing Article
1.	0	唐雪梅，2018，情报杂志，V37，P95
2.	0	苏宏元，2018，当代传播，V，P64
3.	0	张鹏，2019，现代情报，V39，P101
4.	0	兰月新，2018，情报科学，V36，P119
5.	0	殷飞，2018，情报科学，V36，P57
6.	0	张玉亮，2018，情报理论与实践，V41，P91

图11　"突发事件"研究文献

三、总结与讨论

（一）研究趋势分析

为了进一步分析网络谣言议题研究的趋势与最新进展，我们将关键词聚类图谱在"Layout"面板中转换为Timeline（时间线）图（见图12）。通过该图，我们可以看出知识之间的继承关系，不同年份的重点研究议题是什么，总结出如下趋势。

1.学科分布：法理基础完善，研究热度削减

在网络谣言议题受到关注的第一个峰值点涌现出大量的法理研究，出现了法理先行的特征，关于法律规制、法律授权、法律治理的研究异军突起。其中最具代表性的是孙万怀、卢恒飞两位学者合写的《刑法应当理性应对网络谣言：对网络造谣司法解释的实证评估》。该文解释了网络谣言定义中法律判断的基本概念。其他一些法律研究基本以此为基础进行法律审判标准的划分。还有一些研究就网络谣言入刑的边际效益问题、寻衅滋事罪等进行讨论。

同时我们注意到，在第一个峰值过后，有关法律研究的关键词基本消失，再也没有法学领域的集中探讨。因此，网络谣言在法学领域的基本完善已经使得我国网络谣言的治理有法可依。诚然，法学的研究并没有停止，而法律基础的奠定成为后续有关定义、影响、对策研究的参考，将在各个学科针对不断变化的现实在不断探讨中产生新的思路和火花。但接下来一段时间的研究，将很难看到法学研究的身影。

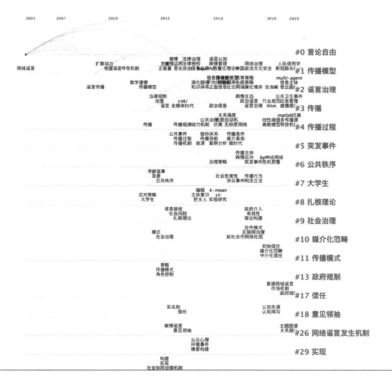

图12　网络谣言关键词时间线图

2.关注对象：关注信息主体，引入心理分析

学者早期的关注点多是网络谣言传播、社会治理与法律分析，但是在第一个峰值过后，逐渐有了关注人的倾向。2014年左右，学者注意到从众心理在网络谣言传播中的作用，提出主体意识与把关人对网络谣言的影响，关注到传播主体的作用。到第二个峰值附近，已经开始采用人际语用学对网络谣言的传播内容进行话语分析，关注群众容易受到什么类型话语的影响，并引入初始信任或中介化信任、认知失调等概念进行受众心理学分析，对网络谣言的受众画像进行研究，真正地将信息主体作为网络谣言传播中的一环。

目前，对人的认知习惯的分析已经成功起步，摒弃了以往只关注事件本身而分析过程与模型的固有思路。关注信息主体的分析思路已经打开，在认知心理学的不断加入过程中，这一趋势将在接下来几年的研究中得到延续。

3.理论方法：数理模型在研究中得到强化

在第一个峰值之前，针对网络谣言的研究基本停留在理论论述、哲理分析与文字表达上。在近年来第二个峰值以后的研究中，开始采用理工科理论、模型与实验的分析。最早引入的是 Hayashi 数量化理论Ⅲ，对49个谣言类型进行了代表性、危害性、影响力、攻击性、传播性、生命力与辨识度等七个属性的评估与分类。这是数理理论在网络谣言领域的早期尝试。后来不断加入平均场理论、演化博弈论、BP神经网络、MATLAB仿真、仿真实验等研究手段，使得网络谣言领域的分析手段逐渐丰富、综合。

在跨学科交流日益增长的当今，学科间的合作必然带来不同学科研究方法的碰撞，而理工科理论、模型与实验的研究手段使得对网络谣言这一人文社科命题的观测更加客观、准确与可视化。客观数据的分析能够弥补主观经验分析的不足，获取网络谣言传播过程中的关键变量因子。这是一个值得推广并且必将成为趋势的研究方向。

4.分析主体：政府治理研究势头依然强劲

我们还可以发现，政府治理的议题自始至终都被反复提及、讨论。即便在网络谣言法律法规趋于完善的情况下，也只是明晰了法庭上对网络谣言案件的审判依据，并不能从根源上杜绝网络谣言的产生。在通信技术与现实情境不断更新的情况下，应对不同时期的网络谣言都要具体问题具体分析。消除网络谣言的负面影响、净化网络空间、保障民众知情权的现实任务始终存在，对公共议题的管制仍需政府大量出面解决。因此，政府视角的研究热度一直居高不下。

有学者提出，对于网络谣言要分类治理，紧急、重大的网络谣言需要政府出面，普通网络谣言要更多依赖市场机制的自我消化和解决。市场的自我消化固然是理想的状态，但在网络空间仍存在大量灰色领域的现今，政府的管控才是强有力的抓手。研究的需求虽然旺盛，但政府视角的研究呈现出较为严重的内卷化，因此，该领域的研究思路亟待创新。

5.动力导向：研究现实目的性逐渐凸显细化

早期的研究更倾向于对"大传播""大法律""大信息""大治理"方向的讨论，在研究初期需要奠定网络谣言领域的基本学科知识基础。在第一峰值过后，学者研究的议题更加贴近具体行业、具体情况、具体目的。

在近年的研究中，具有明显的细分趋势。如"教育策略""中国政治文化安全""行业规范应急管理""公共卫生安全事件"等具体到事件的关键词出现，表明学者针对网络谣言的研究更加观照现实，对于现实问题的解决具有显著的迫切性。从研究的规律上讲，这样由大化小的趋势是必然的，研究的成果将更直接地作用于社会治理，这将成为更长久的趋势。

（二）研究建议

1.创新研究路径，减少内容翻炒

目前网络谣言研究的最大困境在于研究议题的同质化严重。学者均仅从概念、模型、治理等通用方面进行研究，观点重复，得出的结论也都如出一辙，呈现严重的内卷化趋势，部分研究甚至泛泛而谈，没有进行深入的分析。基于此，在以上几点研究方法的改进建议之下，学者应该发掘出更多的研究视野，而不仅仅停留在对前人研究的微妙改动上。

诸多值得深入探讨的问题，如网络检测技术的改进，可以通过与计算机学科合作研发检测软件系统；网络谣言语言特征的研究，可以通过对大量谣言案例的文字进行话语分析；网民对谣言的传播与言论自由的边界问题，何种保护形式能够使网民在保障言论自由的同时杜绝传谣；等等。此处仅就现有的观察列举一二，更多的研究可以从宏观上观照整个网络谣言传播脉络，从微观上观照各个行业、具体大事件，双管齐下方能发现更多未开拓的领域。

2.学科有效交叉，解决现实问题

通过上文分析，我们观察到近年来网络谣言研究领域开始大量引入理工科的研究方法，如何使学科交叉科学有效，有两个层面需要注意。一是需要与学科领域专家进行深度合作。现有引用的理工科理论、模型与实验方法均是人文社科学者通过自学或进行浅层请教的成果，对于理论的运用和把握并不成熟。许多理论仅仅进行了数据或模型的呈现，并没有进一步观察分析，更没有上升到解决问题的层面。因此，网络谣言研究领域的学者可以多寻找与其他学科学者合作研究的机会。二是需要选择恰当的学科进行交叉。在现有的学科合作中，利用数理分析的方法较多，对网络谣言的研究侧重于变量分析与类型划分，但对于如何有效改善关键变量具有研究上的短板。因此，尝试与技术解决层面的学科开展合作，或许更有利于对网络谣言传播控制的改进。

3.重视定性方法，洞察社会心理

上文提到，近年的研究开始注重对信息主体的分析。这样的研究趋势是健康的发展态势，表明网络谣言的研究领域开始关注更多的影响因素。在网络谣言领域中，人的能动作用十分重要。除了现有的对谣言受众的研究、观察受众对谣言信息的反应，也可以向谣言传播者拓展，研究传播网络谣言的动机与因素。寻找这样的研究对象显然具有较大的难度，但是这对于研究网络谣言的整个传播过程非常有必要。

在研究方法上，对于信息主体的调查要综合使用田野调查法与深度访谈法，结合行为心理学进行分析，对经典的网络谣言个案的传播过程进行细致的解析，而不能只停留在现有的理论分析与表层分析上，而这种现象的产生与网络谣言领域缺乏深耕学者有极大关系。

4. 注重数据分析，把握宏观趋势

在已有的研究中，基本以纯粹理论分析为主。不同于其他人文社科领域的研究，网络谣言领域的研究不只缺乏上述定性研究方法，而且少见以谣言事件、问卷调查为数据的分析。因此，该领域的研究方法在很多维度存在欠缺与空白。

在对大量网络谣言案例特征进行编号，使用大数据进行分析的过程中，能够把握网络谣言传播的总体特征、趋势，从宏观上观照整个议题，从而能够跳脱出现有的研究框架。宏观数据客观呈现出来的特征是通过观察个案无法看到的。不只如此，如果在各个网络平台的支持下，能够在网络谣言领域建立数据库，将更便于实时观测网络谣言走向，有效提高管制效率。

结　语

网络谣言议题的研究已经经历了十几个年头。在这期间，许多方面的研究都已展开，

网络谣言议题的荒漠已经长出了大片新芽。值得一提的是，在这个领域中，虽然理工科的学科领域并没有出现在学科图谱中，但是人文社科的学者在对网络谣言的传播过程、模型分析等方面都使用了大量的数理方法，不仅有丰富的计量算法和分析理论，还有大量的建模与仿真实验，使得对网络谣言的研究和观测更加直观、可计量。这样的现象在其他人文社科研究领域是少有的。

但同时我们应当注意到，在这十几个年头里，学者的研究热情并不是很高涨，研究的峰值均伴随着短暂的刺激因素，持续深耕的学者极少。因此，研究的领域还有很多空白和欠缺。在现有的研究中，既缺少针对具体网络谣言案例分析具体传播过程与节点互动的个案分析，又缺乏集合大量网络谣言数据的综合性分析与宏观把握。学者的研究还停留在网络谣言的定义、网络谣言的分类、网络谣言的传播过程以及法律规制和治理政策建议的层面，并且出现大量类似的研究，研究结论别无二致，呈现严重的内卷化趋势。同时，学者的分析对象存在过于单一的现象，过多地从政府层面提管制措施，而极少从网络运营平台、社交媒体技术、谣言受众等层面进行扎根分析。学者的研究方法也多采用量化分析与理论分析，而忽视了定性分析中田野调查、深度访谈的主观能动层面的调查。

当我们直视网络谣言的发展现状时，我们可以看到不断细分的亚文化群体以及社交软件正提供着更多滋生网络谣言的可能性，只是谣言波动的圈层逐渐细分，并不代表网络谣言得到了彻底的管制。殊不知，我们看

似一切正确的生活都或多或少受到网络谣言的侵蚀。

参考文献：

［1］杨佳奇.国内终身学习研究热点与发展趋势知识图谱分析［J］.广西广播电视大学学报，2020，31（6）：57-62.

［2］祝琳琳，李贺，洪闯，等.开放式创新模式下知识共享研究综述［J］.现代情报，2018，38（1）：169-177.

［3］张谨.网络信息文化条件下的群众工作创新［J］.新疆社科论坛，2011（4）：65-68.

［4］王齐齐.国内网络社区研究回顾及展望：基于CiteSpace软件的可视化分析［J］.社会政策研究，2020（2）：105-125.

［5］魏治勋，白利寅.法学视域下的社会治理问题［J］.南通大学学报（社会科学版），2014，30（5）：33-40.

［6］汪青云，童玲.突发事件中的网络谣言特征分析：基于2010—2014年间网络谣言的研究［J］.新闻知识，2015，372（6）：6-8.

［7］张宜培.论网络空间的公共场所性［J］.江西警察学院学报，2019，219（5）：91-96.

［8］任恒.国外智库研究的兴起与进展［J］.情报杂志，2020，39（7）：59-66，113.

作者简介：

李黎，中央民族大学新闻与传播学院传播学硕士研究生。

雷蕾，中央民族大学新闻与传播学院传播学副教授。

互联网社群中的情感传播机制研究
——基于互动仪式链的视角*

诸葛达维

[摘要] 互联网社群是当今互联网社会关系的重要组织形式。互联网社群成员通过长期互动交往产生情感认同，会促进彼此社会关系的建立与强化。情感作为微观互动的重要因素，是推动社会结构形成的重要力量，也是网络交往中的重要符号表达。社会关系产生于持久的符号互动与情感交往之中。因此，本文从情感传播的视角出发，借助互动仪式链理论，对互联网社群内部的符号互动结构进行深层次的分析，探索网络社群互动交往的情感传播机制。

[关键词] 社群；互联网；互动仪式；符号；情感

新兴传播技术的发展带来的不仅是传播方式的变化，而且是传播思维、人际交往方式和社会组织方式的深刻变革。互联网社群作为一种基于互联网连接聚合而产生的新型人际关系，是当今互联网社会的重要组织形式。人们因共同的兴趣爱好与文化取向在互联网空间聚集，通过情感共享与互动交往形成诠释性社群，实现了人与人从媒介技术的联结到情感的联结。因此，互联网社群的崛起凸显了社会关系的传播本质——符号互动与情感传播。互联网社群作为连接微观人际关系与宏观社会结构的桥梁，是我们研究网络社会互动交往与情感传播机制的重要视角。

一、重归部落化：互联网中的社群传播现象

根据马歇尔·麦克卢汉（Marshall McLuhan）的理论，随着互联网与社交媒体的发展，人

* 本文为2021年度国家社会科学基金重大项目"'双循环'新格局下中国数字版权贸易国际竞争力研究"（项目批准号：21&ZD322）阶段性成果。

类社会传播形态正在经历"重新部落化"的时代。社群（Community）是一种基于互联网公共领域的新型人际关系，是当今互联网中社会关系的主要组织形式。1887年，德国社会学家斐迪南·滕尼斯（Ferdinand Tönnies）在《共同体与社会：纯粹社会学的基本概念》中首次提出社区（Community/Gemeinschaft）这一概念。社区，即一种人与人之间关系密切、守望相助、富有人情味的社会团体。在这一社会团体中，连接人们的是具有共同利益的血缘、感情和伦理等纽带，人们基于情感动机形成了亲密无间、互相信任的关系。[1]随着网络社会的发展，虚拟社群或网络社区成为新的社群或社区形式。1993年，美国学者霍华德·莱茵戈德（Howard Rheingold）提出虚拟社群或社区（Virtual Community）概念，即一种由足够多的人以充分的情感进行长时间的公共讨论而形成的一种人际关系网络。[2]

近年来，随着社群经济的兴起，网络社群研究再次进入人们的视野。胡泳等人在2015年指出，社群经济以社群内部成员的横向交流为纽带，依靠归属感和认同感而建立。[3]此外，《浙江社会科学》在2016年推出专题探讨新型社群与社群经济。李勇在该专题中指出，社群经济是以社群聚合与市场选择相结合、社会价值与经济运行相结合为主

要特征的新的创业和经济形态。[4]互联网社群作为当今互联网社会关系的主要组织形式，不仅创造了新的经济组织形态，还建构了一种新型的社会关系形态。何方将互联网社群界定为，在互联网背景下，因兴趣追求与价值认同、共识达成、情感交流、信任建构而聚集在一起的相对固定的群组及其社会关系的总称。[5]蔡骐进一步从媒介与文化的角度指出，网络社群是在新媒体环境下，人与人之间从技术连接到情感共振的结果。网络社群的聚合是一种以兴趣和情感为核心的亚文化传播现象。[6]金韶等人指出，聚合力和裂变效应是社群的外在传播特征，情感价值是互联网社群传播的内在特征，自组织传播和协作是社群运行和发展的核心逻辑。[7]

由此可见，网络社群是由一群兴趣、背景或价值观相契合的人通过互动交往聚集而成的共同体。社群中的成员通过长期的互动交往会对该社群产生情感与文化上的认同感和归属感。其中，情感传播与价值共享是社群具有凝聚力、社群成员具有归属感的关键要素，这一切需要通过社群成员间的互动交往来实现。社会学家乔纳森·H.特纳（Jonathan H. Turner）指出，社会结构从终极意义上来看是由微观人际互动建立的，宏观社会结构是由中观的社群单元通过人际互动

① 滕尼斯.共同体与社会：纯粹社会学的基本概念[M].林荣远，译.北京：商务印书馆，1999.
② RHEINGOLD H.Virtual community: homesteading on the electronic frontier[M].Reading, Massachusetts: Addison-Wesley Inc., 1993.
③ 胡泳，宋宇齐.社群经济与粉丝经济[J].中国图书评论，2015（11）：13-17.
④ 李勇.社群和社群经济[J].浙江社会科学，2016（2）：56-58.
⑤ 何方.新型社群与共享经济的持续发展[J].浙江学刊，2016（6）：215-221.
⑥ 蔡骐.网络社群传播与社会化阅读的发展[J].新闻记者，2016，404（10）：55-60.
⑦ 金韶，倪宁."社群经济"的传播特征和商业模式[J].现代传播（中国传媒大学学报），2016，38（4）：113-117.

有机结构而成的。[①]情感是在人际互动中隐藏在对他人的社会承诺背后的力量，也是决定社会结构形成的力量。[②]因此，互联网社群互动交往中的情感传播机制成为当下社群研究的重要议题。

二、互动仪式链的形成条件

（一）仪式、情感与符号

符号是静态的仪式，仪式是动态的符号。互联网中的符号互动具有情感仪式的特征。仪式是一种相互专注的情感和关注机制，它形成了一种瞬间共有的现实，因而会形成群体团结和群体成员性的符号。[③]可见，仪式与情感、仪式与符号具有密切联系。首先，仪式激发情感，是产生情感的刺激物。阿尔弗雷德·诺斯·怀特海（Alfred North Whitehead）指出，当全社会维系于同一仪式、同一情感时，仪式活动就显得尤其威严，情感也变得特别活跃。"于是，集体的仪式和集体的情感，其作用便得到确定，成为维系诸野蛮部落的力量之一。"[④]其次，仪式作为意义生产过程，产生情感团结的符号。仪式理论家埃米尔·涂尔干（Émile Durkheim）指出，仪式是一种在社会水平上促进社会团结的强大力量，它指向由外在客体符号化的

文化成分，唤醒情感，从而使人们更有可能体验到集体团结感。[⑤]欧文·戈夫曼（Erving Goffman）表示，仪式可以是一种非正式和世俗的活动，不仅存在于传统宗教活动中，还存在于我们日常生活的方方面面。互动仪式作为一种表达意义性的程序化活动，对群体生活或团结性来说具有重要意义。[⑥]可见，互动即仪式，是一种充满情感表达的符号互动过程。

（二）互动仪式链理论模型

社会学家兰德尔·柯林斯（Randall Collins）指出，互动仪式（Interaction Ritual，简称IR）是人们最基本的活动，是一切社会学研究的基点。[⑦]大部分社会传播现象都是通过各种形式的互动仪式进行和维持的。互联网社群作为因共同兴趣爱好而聚集起来的亚文化群体，其内部的符号互动与情感表达是一种互动仪式过程。在仪式中，网民通过相似的情感、语言和修辞结成特定的诠释社群。[⑧]对社群组织而言，互动仪式能够产生集体情感，并将这种情感进行符号化表征，形成社群传播的情感文化资源，如信仰、思想、道德、文化。社群中的成员能够利用社群互动所产生的集体情感和文化资源，进行后续的社群互动。

① 特纳.人类情感：社会学的理论［M］.孙俊才，文军，译.北京：东方出版社，2009：63-64.
② 特纳.人类情感：社会学的理论［M］.孙俊才，文军，译.北京：东方出版社，2009：7.
③ 柯林斯.互动仪式链［M］.林聚任，王鹏，宋丽君，译.北京：商务印书馆，2009：36.
④ 怀特海.宗教的形成/符号的意义及效果［M］.周邦宪，译.贵阳：贵州人民出版社，2007：5.

⑤ 特纳，斯戴兹.情感社会学［M］.孙俊才，文军，译.上海：上海人民出版社，2007：59-61.
⑥ 柯林斯.互动仪式链［M］.林聚任，王鹏，宋丽君，译.北京：商务印书馆，2009：2.
⑦ 柯林斯.互动仪式链［M］.林聚任，王鹏，宋丽君，译.北京：商务印书馆，2009：1.
⑧ 袁光锋.互联网空间中的"情感"与诠释社群：理解互联网中的"情感"政治［J］.中国网络传播研究，2014（1）：89-97.

因此，社群互动中的情感与符号循环模式，即"互动—情感—符号—互动"，是社群情感传播的基本动态结构。

兰德尔·柯林斯特别强调情感与符号在互动仪式传播中的作用。他将互动仪式描绘成一组具有因果关联与反馈循环的情感—符号运行过程。该过程包含四个起始条件：第一，两个或两个以上的人聚集在同一场所；第二，设置排斥局外人的界限；第三，参与者具有共同关注的焦点，并通过相互传达关注该焦点；第四，人们分享共同的情绪或情感体验。当这些要素有效地综合，并积累到高程度的相互关注与情感共享时，参与者会有以下四种互动体验的结果：第一，群体团结，一种与认知相关的成员身份感；第二，个体的情感能量（Emotion Energy，简称 EE），即一种采取行动时自信、兴高采烈、有力量、满腔热忱与主动进取的感觉；第三，代表群体的符号，使成员感到自己与集体相关；第四，维护群体、尊重群体符号的道德正义感。①

互动仪式链理论模型图如下：

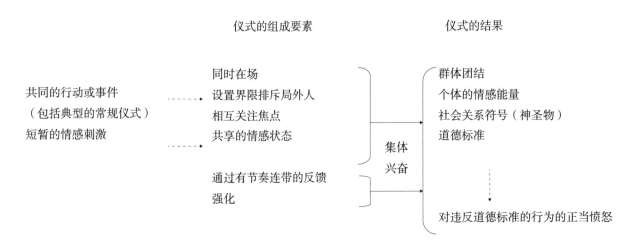

仪式的组成要素　　　　　　　　**仪式的结果**

图1　互动仪式链理论模型

三、互联网社群中的互动仪式链构成要素

互联网社群作为通过共同兴趣爱好形成的共同体单元，在互动交流过程中逐渐形成共享的符号与情感，具有较强的文化认同与情感归属。成功的互联网社群已初步具备了互动仪式的运行机制，并通过一系列仪式活动巩固社群的情感团结。

（一）虚拟共聚：互联网社群互动交往的在场情境

参与者同时在场是开启互动仪式的起始条件。天南地北的成员因为共同的兴趣爱好而聚集在同一个社群组织，满足了互动仪式同时在场的条件。虽然在互联网空间中，社群成员的同时在场是一种虚拟在场，与柯林

---

① 柯林斯.互动仪式链［M］.林聚任，王鹏，宋丽君，译.北京：商务印书馆，2009：86-87.

斯提出的身体在场条件略有不同，但互联网媒介的随时在线特性在一定程度上营造了另一种同时在场——虚拟共聚。首先，互联网媒介拓展了"身体"的外延。著名媒介理论家麦克卢汉曾提出"媒介是人体的延伸"的观点。他指出，任何媒介都不外乎是人的感觉和感官的扩展或延伸：文字和印刷媒介是人的视觉能力的延伸，广播是人的听觉能力的延伸，电视则是人的视觉、听觉和触觉能力的综合延伸。[①]因此，从理论上看，媒介延伸了人体的在场形态。互联网作为多媒体融合的媒介，可以视为整个人体的延伸。其次，互联网对物理时空隔阂的消解，使得虚拟在场成为可能。以互联网为代表的新媒介技术的发展，为即时的远程交流提供了便利，使传统的面对面社群转变为基于网络空间的虚拟社群。总之，互联网社群的内部交往是一种虚拟共聚的新型互动仪式。

（二）成员身份：准入互联网社群的特色文化资本[②]

物以类聚，人以群分。互联网社群的亚文化属性具有一定的准入门槛，只有具备相应社群身份符号的人才能方便进入，这体现为互动仪式中的设置界限排斥局外人的文化标准。特定群体的成员身份、专门化语言、特殊的知识、经历、记忆以及其他的仅为群体成员共享的事件等构成了群体的特色文化

资本。其中，成员身份是最重要的特色文化资本之一，是个体准入特定亚文化群体的钥匙。特定的互联网社群往往是由兴趣、文化、背景等文化资本相似的成员组成。个体如果不具有相应社群的成员身份的文化资本，便难以顺利进入该社群开展互动仪式活动。符号的意义在于其差异性。社会人类学家弗雷德里克·巴斯（Fredrik Barth）的"族群与边界理论"从群内与群外的差异角度强调了设置边界在族群认同中的重要建构作用。他认为，族群认同是在互动的过程中产生并强化的，群体内与群体外的差异加强了群体内的一致性[③]。因此，具有社群特色文化资本成为区分社群成员与局外人的重要文化标准。设置局外人的准入门槛对于建构与维护社群的内部团结与文化认同具有重要意义。

（三）关注焦点：产生共享的社群文化符号

共同关注的焦点产生群体团结的符号。互联网社群作为由一群具有相同兴趣爱好的人聚集起来的共同体单元，其中共同的兴趣爱好就是社群成员共同关注的焦点。共同关注的焦点使社群成员的互动仪式过程具有高度的集中性与指向性。社群成员通过传递共同的关注焦点，赋予关注焦点意义，形成认知共识，逐渐形成社群共享的文化符号。共享的社群符号承载着社群的情感与文化，是

① 郭庆光.传播学教程［M］.2 版.北京：中国人民大学出版社，2011：119-120.
② 特纳，斯戴兹.情感社会学［M］.孙俊才，文军，译.上海：上海人民出版社，2007：66.
③ BARTH F.Ethnic groups and boundaries: the social organization of culture difference［M］.Boston: Little，Brown and Company Inc.，1969：14.

社群文化的符号化表征，能够激起社群内部的情感团结与文化归属感。克莱·舍基（Clay Shirky）在《人人时代》中指出社群的基础有三个：共同的目标、高效率的协同工具、一致行动①。人类学家拉尔夫·林顿（Ralph Linton）认为强有力的部落群体必须具备三个特征，即相似的文化、频繁的互动以及共同的利益。②共同的目标与共同的利益都是社群成员行动中的共同关注焦点，是产生共享文化符号的关键要素。因此，在社群互动中培养有效的共同关注焦点是社群团结的重要基础。

（四）情感连带：从技术连接到情感共鸣的关键环节

有节奏的情感连带是互动仪式通过符号互动产生情感传播的条件，是推动社群成员从技术连接到情感共鸣不断运行的关键环节。成功的互动仪式是一种互动双方默契合拍的同步互动。人类最强烈的快乐源于全身心地投入同步进行的社会互动之中。③通过和谐顺畅的同步互动，社群成员间建立了共享的情感连带。互联网社群作为一种基于兴趣爱好与亚文化取向的共同体，其实质是一种情感共同体。大卫·W.麦克米兰（David W.McMillan）和大卫·M.查韦斯（David M. Chavis）早在1986年就指出共同体有四个要素，分别是成员资格、影响、需要的整合与满足、共享的情感纽带。其中，共享的情感纽带是"真正的共同体的决定性因素"。④齐格蒙特·鲍曼（Zygmunt Bauman）在探讨共同体时引用了"相互的、联结在一起的情感""温馨的圈子"的说法。⑤可见，有节奏的情感连带是社群成员凝聚在一起的情感纽带，是互联网社群从技术连接到情感共鸣的关键环节。

四、情感与符号的匹配：互联网社群情感团结的内在传播机制

互动仪式是情感团结的市场。成功的互动仪式能够产生较高的情感能量与雄厚的符号资本，它们又可以作为仪式活动的资源进行社会关系与文化情感的再投资，促进组织的聚合与情感认同。因此，情感能量与符号资本是互动仪式市场中最重要的两种资源。这两种资源在情感团结市场的配置机制中促进了宏观社会结构的形成。

社群传播在微观层面上是一个符号与情感匹配的过程，这是社群成员价值认同与情感归属的深层机制。在社群互动仪式活动中，人们倾向于寻找那些与自身符号资本与情感能量储备相匹配的人进行互动，进而形成情

---

① 卢彦.互联网＋社群方法论：九阳神功［EB/OL］.（2016-04-04）. https://www.sohu.com/a/67550777_355131.
② 卢彦.互联网＋社群方法论：九阳神功［EB/OL］.（2016-04-04）. https://www.sohu.com/a/67550777_355131.
③ 吴迪，严三九.网络亚文化群体的互动仪式链模型探究［J］.现代传播（中国传媒大学学报），2016，38（3）：17-20.

④ MCMILLAN D W, CHAVIS D M.Sense of community: a definition and theory［J］. Journal of community psychology, 1986, 14（1）: 6-23.
⑤ 鲍曼.共同体［M］.欧阳景根，译.南京：江苏人民出版社，2007：5-6.

感团结的市场。①在情感的驱动下，志趣相投的社群成员围绕关注的话题进行频繁的互动仪式活动，包括线上的讨论及线下的聚会等。在这一过程中，作为符号资本的价值观的匹配程度决定了成员间情感团结的深入程度。蔡骐指出，社群成员在持续的互动过程中进行价值观的匹配，成功匹配者将形成对社群的文化认同和情感联结，继而在情感的驱动下进行更深层次的社会交往。②价值观凝聚为符号，符号承载着价值观。情感与价值的互动匹配也在一定程度上凸显了社群传播的符号互动本质。

（一）情感能量的满足：社群成员参与社群互动活动的情感动力机制

情感既是互动仪式的启动条件，又是互动仪式的重要结果。作为条件的情感是短期的、即时的情绪状态，作为结果的情感是长期的、稳定的情感能量。一方面，各个情境中的短期情感可以通过互动仪式机制转化成长期稳定的情感能量。另一方面，情感能量作为短期情感的基线来源，之前积累的情感能量可以作为特定情境下开展互动仪式的动力来源。③因此，互动仪式链体现的是一个动态的、跨情境的情感能量流动过程。

成功的社群互动会给每个成员带来情感能量的满足。柯林斯指出，情感能量是一个连续统，从高端的自信、热情、自我感觉良好，到中间平淡的常态，再到末端的消沉、缺乏主动性与消极的自我感觉。情感能量类似心理学中"驱力"的概念，但具有特殊的社会取向。④一方面，情感能量是推动互联网社群成员进行内部交往的动力，也是个体在互动仪式市场上寻找的重要回报。成员在社群中投入时间、精力、物质、符号资本以及情感能量等各种成本，其最终目的是获取情感能量。⑤因此，个体在互动仪式市场中往往趋向选择情感能量回报最大的情境。在这个意义上，追求情感能量可以是高度理性化的，情感能量成为互动过程中做出决策的共同标准。通常，情感能量高的成员在社群中互动的频率较高，是社群中的活跃用户，容易在社群中处于中心地位。而情感能量低的成员进行社群互动的次数较少，是社群中的非活跃用户，大多处于社群中的边缘地位。情感能量高的成员善于在社群中建立各种社会关系，从而获得一定的地位，并凭借仪式活动的开展获得一定的仪式权力。另一方面，具有社会取向的情感能量促进了社群共同体的情感团结。互动仪式产生的情感能量是一种具有文化认同的情感力量，这种力量能够激发社群的向心力与团结感。这种团结感是社群成员生理情感经过互动仪式机制转化而成的稳定的文化情感，是一种在专属文化社群中拥有身份存在感与情感归属的文化凝聚力。以游戏社群为例，经常玩某款游戏的玩家通

① 柯林斯.互动仪式链［M］.林聚任，王鹏，宋丽君，译.北京：商务印书馆，2009：212-220.
② 蔡骐.网络社群传播与社会化阅读的发展［J］.新闻记者，2016，404（10）：55-60.
③ 柯林斯.互动仪式链［M］.林聚任，王鹏，宋丽君，译.北京：商务印书馆，2009：181.
④ 柯林斯.互动仪式链［M］.林聚任，王鹏，宋丽君，译.北京：商务印书馆，2009：161.
⑤ 葛玉龙.身份符号与情感能量：河北省北村互动仪式研究［D］.武汉：华中师范大学，2013：6.

常被称为或自称为"×××游戏玩家"或"×××游戏忠实粉丝",并建立游戏玩家社群组织。这是游戏玩家通过互动仪式产生情感团结的具体表现。由此可见,情感能量具有社会取向,它是一种支配特定类型的情境或展现特定群体的成员身份的期望,是个体参与社群互动活动的动力机制。

(二)代表社群的符号:互联网社群身份认同的文化机制

符号既是互动仪式的条件,又是互动仪式产生的重要结果。作为条件的符号是互联网社群的准入条件,作为结果的符号是社群成员渴望获得的文化资本。社群符号作为社群文化的标签,既是社群成员身份的象征,又是社群文化价值的表征。这些符号在社群成员间循环,成为社群共享的文化资源,也构成了特定社群的文化资本。

社群符号承载着互联网社群的特殊文化意义。社群符号储备程度不同的个体所拥有的社群文化资本与权力具有明显差异。通常拥有非常丰富的社群符号的成员,能够依靠这些符号资本获得高度的关注,并在相应的互动仪式市场中处于优势地位。这样一来,他们容易在其中获得更多的包括情感能量在内的文化资本与权力。而那些社群符号资本贫乏的人则相对处于互动仪式市场的外围。因此,代表社群的符号是互动仪式参与者渴望获得的文化资本。为了使自己具有相应社群的文化属性,社群成员会积极参加社群活动来增加自己的社群文化资本。

互联网社群需建立一套能够维持社群身份认同的文化机制。文化是群体的灵魂,是可以产生群体智慧的力量。对文化的认同是一切共同体建构的开始。这个文化认同过程是社会行动者经由个体社会化过程而内化建构起来的,是行动者意义的来源。因此,任何社群想要持续存在,都需要建立自己的文化体系。德国哲学家卡西尔表示,一切文化形式都是符号形式,因此,"我们应当把人定义为符号的动物(Animal Symbolicum),来取代把人定义为理性的动物。只有这样,我们才能指明人的独特之处,才能理解对人开放的新路——通向文化之路"①。所以,一切文化都是符号,没有符号就没有文化。②因此,建立社群团结的文化体系是一个符号建构过程。代表社群的符号承载着群体共享的文化价值,在维系社群成员身份认同过程中显得尤为重要。成功的互动仪式会不断重复使用并强化或更新已有的社群符号,不断丰富其意义内涵,从而增强社群的团结感与认同感。

五、总结:互联网社群的情感传播机制

符号要素与情感要素相互作用,共同推动互联网社群的情感团结。互联网社群作为一种具有共同兴趣与价值情感取向的一种共同体单元,其内部的符号互动与情感传播遵循互动仪式机制。一方面,共同关注的焦点与有节奏的情感连带是互联网社群进行情感

---

① 卡西尔.人论[M].甘阳,译.上海:上海译文出版社,2004:37.
② 李思屈,李涛.文化产业概论[M].2版.杭州:浙江大学出版社,2010:4.

传播的核心机制。社群成员之间通过传递共同的关注焦点激活共享的符号要素，并通过有节奏的情感连带引发成员之间的情感共鸣。另一方面，互联网社群作为仪式团结的市场，其本质上是情感与符号匹配交换的场所。社群成员在互联网社群中进行互动交往，其目的是获得社群符号与情感能量。社群符号作为社群的特色文化资本，承载着社群的文化情感属性。情感能量具有社会取向，是个体参与社会互动的动力机制。成员在社群互动中投入的各种物质与非物质成本，最终都是为了获取情感能量。个体情感能量满足最大化是社群成员进行社会交往的共同标准。社群仪式活动的符号与情感匹配机制，使成员获得了互联网社群的情感归属与身份认同，促进了互联网社群的情感团结与文化认同。

作者简介：

诸葛达维，博士，浙江传媒学院媒体传播优化协同创新中心助理研究员。研究方向为网络传播与情感传播。

数字移民的困境：抖音平台"奶奶带娃"污名化现象研究*

安利利　王晶莹

[摘要] 老年人污名化这一问题一直是学界的研究焦点，但已有研究多关注媒体报道中老年人负面的公共形象，忽略了自媒体歪曲老年人在家庭场域中的表现这一广泛存在的污名化现象。"隔代抚养"是中国目前主要的育儿形式之一，女性祖辈成为家庭抚养的主力军，深刻影响到当代中国社会最基本的单位——家庭。由于性别差异、家庭分工和代际矛盾，围绕"奶奶带娃"的网络炒梗甚至污名化的现象时有发生。个别老人带娃的不当行为被网络放大、渲染，最终形成了育儿观念落伍、无原则纵容、错误行为示范的污名化媒介形象。本研究分析抖音平台上形成的带娃奶奶污名化形象的特征，结合对现实中的带娃奶奶及其家人的深度访谈，还原了生活积极、尊重克制、家庭为重的带娃奶奶的真实形象，进而分析污名化背后的社会逻辑动因，直面当代数字社会背景下老年移民的失语困境。

[关键词] 隔代抚养；奶奶带娃；抖音视频；污名化

一、问题的提出

每个人都生活在一个越来越老的世界里，并且必然走向老年。中国社会人口老龄化程度不断加深，到2022年，中国将进入深度老龄化社会。在我国近年来流动人口规模逐年下降的背景下，老年流动人口数量却逐年增长，[①]其中北京、上海、广州、深圳、武汉、

---

* 本文系2021年度北京师范大学大学生思想政治教育课题一般课题"'内卷化'背景下'躺平'大学生的行为表征、心理动因及引导路径研究"（课题编号：BNUSZ2021YB03）的阶段性成果；教育部高校思想政治工作队伍培训研修中心（湖南师范大学）2021年度一般课题的阶段性成果。

① 《中国流动人口发展报告2018》发布：流动人口规模进入调整期 [EB/OL].（2018-12-25）[2021-10-09]. http://www.gov.cn/xinwen/2018-12/25/content_5352079.htm.

西安6个城市的老年流动人口平均占总流动人口的12.8%。而老年人大规模流动的背后离不开日益复杂、增多的隔代抚养现象。

隔代抚养是我国社会转型时期出现的普遍现象,指"在个人职业和资源压力下,父母通过代际合作与分工,将育儿压力部分或全部向上转移给祖辈"。[①]中国老龄科学研究中心调查显示,截至2014年,我国抚养孙子孙女的老年人比例高达66.47%,有60%—70%的2岁半以前儿童由祖父母照顾。随着城市化进程加快、现代人压力越来越大、三胎政策出台,隔代抚养的现象势必会继续增多。抚育孙辈俨然已成为当代中国老年人的生活常态,祖辈尤其女性祖辈成为家庭抚养的主力军,年轻父母转变为"晚间父母"甚至"假期父母"。这既改变了个体与家庭的生活方式,又引发了很多社会性代际问题。"有一种冷叫奶奶觉得你冷,有一种饿叫奶奶觉得你饿""奶奶带娃是实用性,妈妈带娃是观赏性""婆婆的错误育儿观念,你家中了几个"成为"奶奶带娃"的"网络名梗"。综观网络舆论,由于性别差异、家庭分工和代际矛盾,个别老人带娃的不当行为被网络放大、被网友跟风渲染,呈现出"奶奶带娃"的污名化媒介现象。

在数字化生存的现代社会背景下,媒介对社会群体的形象建构影响深远。在资本利益驱使、圈层传播效应及媒介素养的影响下,"奶奶带娃"认真负责、经验丰富的形象正在被数字媒介忽略和颠覆,她们被贴上不科学、脏乱差、只抚养不教育等标签。这一污名化现象既容易激化家庭矛盾,又容易引发并强化社会对老年群体的偏见,给其身心带来巨大伤害。关注"奶奶带娃"污名化现象,还原污名化背后的建构图景并解释其成因,对于有效引导社会舆论、化解代际矛盾、缓解老龄化社会危机、构建和谐健康的网络舆论环境及现实社会环境具有积极意义。

二、文献综述与研究方法

(一)隔代抚养

社会发展使得成年父母的工作愈加繁忙,家庭越来越小型化、核心化的变革导致国内外普遍出现隔代抚养现象。国外学界在20世纪80年代便出现探讨隔代抚养利弊的研究,多聚焦于隔代抚养对祖父母的影响,探讨这一方式能否将孤立的祖父母纳入家庭主流[②],并改善他们的生活质量[③]。随着我国现代化进程加速,受传统家庭观念的影响,抚养孙辈的重担自然转移到祖辈身上。国内相关研究大致分为两个角度。早期研究从孩子的角度出发,探讨隔代抚养给儿童带来的教育、心理及亲子关系问题,以农村留守儿童及第二

① 钟晓慧,郭巍青.人口政策议题转换:从养育看生育——"全面二孩"下中产家庭的隔代抚养与儿童照顾[J].探索与争鸣,2017,333(7):81-87,96.

② CHESCHEIR M W.The use of the elderly as surrogate parents[J].Journal of gerontological social work,1981,3(1):3-15.

③ EMICK M A,HAYSLIP B.Custodial grandparenting:new roles for middle-aged and older adults[J].The international journal of aging and human development,1996,43(2):135-154.

代独生子女为重点关注对象。有研究认为，祖辈受教育水平普遍较低，且容易溺爱孩子，会对儿童智力和社会适应能力、与父母的关系等产生消极影响[1]，延迟其社会化进程[2]；也有研究认为，祖辈拥有丰富的人生阅历、育儿经验以及充裕的时间，有助于儿童勤奋刻苦品质的形成[3]，祖辈的一些控制行为，可以对儿童产生积极影响[4]。另一视角则从祖辈出发，主要分析隔代抚养对祖辈身心健康、生活质量、社会需求、养老行为等方面的影响。有研究认为，隔代抚养使老年人呈现更好的心理健康状态[5]，并且促进成年子女与其父母的沟通[6]，子女提供的精神支持和情感交流，使老人的自我陈述健康状况的能力和生活自理能力更强[7]。但同时由于隔代抚养任务繁杂、重复性强，老人不得不推迟自身需求，使正常社交活动受到影响，因此也有研究认为隔代抚养对老人的日常活动能力、自评健康状

况、心理健康状况均产生负面影响[8]。虽然现有隔代抚养研究的关注点已经逐渐从孩子转向老人，关注老年人在隔代抚养中的生活状态与心理健康，但是现有的研究多聚焦于家庭关系、日常生活、经济条件、社会服务支持等隔代抚养中常见问题上，忽视了媒介呈现、社会舆论对隔代扶养老人的污名化，及其对老年人身心带来的后续影响。

（二）老年群体污名化

"污名"一词源于希腊文stigma，代指一种刺人或烙在奴隶身体上的记号，以显示此人有污点，应避免与之接触，含义贴近耻辱。按照美国社会学家欧文·戈夫曼的定义，污名是指某人或某群体拥有与常人不同的特点，使他人厌恶，并声称这个人或这一群体的其他特征也具有欺骗性，从而对其形成负面的标签化的刻板印象[9]。污名有三个来源：直接感受、社会互动和媒体影响。后两者传递的内容不可避免地影响我们对现象的理解，使我们在脑海中形成个体污名认知，再通过个体间的沟通和行动形成社会污名认知。污名化则指个体拥有"受损的身份"，在社会其他人眼中逐渐丧失社会信誉和社会价值，并因此遭受到排斥性社会回应的过程。

污名化的研究在国外由来已久，被广泛应用到社会心理学、历史学、社会学、人类学等各个领域。国内关于污名化的研究多偏

① 汪萍，宋璞，陈彩平，等.隔代抚养对1—3岁婴幼儿智能发展影响的对照研究[J].中国当代儿科杂志，2009，11（12）：1006-1007.
② 宋卫芳.隔代抚养对幼儿社会化的影响及应对策略[J].人民论坛，2014，435（8）：165-167.
③ 周宏霞.农村隔代抚养对留守儿童成长的影响[J].科协论坛（下半月），2012（2）：187-188.
④ 李维亚，张豪.隔代抚养对农村留守儿童心理发展影响的个案研究[J].校园心理，2014，12（3）：208-210.
⑤ 宋璐，李树苗，李亮.提供孙子女照料对农村老年人心理健康的影响研究[J].人口与发展，2008，78（3）：10-18.
⑥ 郑佳然.代际交换：隔代抚养的实质与挑战[J].吉首大学学报（社会科学版），2019，40（1）：113-119.
⑦ 周晶，韩央迪，Mao W Y，等.照料孙子女的经历对农村老年人生理健康的影响[J].中国农村经济，2016，379（7）：81-96.

⑧ 肖雅勤.隔代照料对老年人健康状况的影响：基于CHARLS的实证研究[J].社会保障研究，2017，50（1）：33-39.
⑨ 戈夫曼.污名：受损身份管理札记[M].宋立宏，译.北京：商务印书馆，2009：5-6.

向于现象研究，如对残障、身患疾病等弱势群体的污名化研究。

关于老年群体污名化的研究在国外出现较早，研究中老年群体的污名化常与精神障碍[1]、艾滋病[2]、病毒[3]、痴呆[4]等词一起出现，可以看出当时的污名化诋毁多针对老年人身体机能方面的缺陷。国内针对老年群体污名化的研究起步较晚，且内容较少，从最早"扶老人"新闻报道的反转引发社会讨论[5]，到"中国大妈"引起国内外关注[6]，再到围绕老年人整体媒介形象进行去污名化策略探讨[7]。值得注意的是，国内关于老年群体污名化的研究从一开始便与媒介有着密切关联，一方面体现出开放、自由、匿名的互联网时代污名化

现象高发，另一方面体现出老年群体因媒介素养缺乏，无法掌握媒介话语权，只能被动接受网络污名却无力反击的现实困境。老年人污名化研究的主战场逐步转移到网络场域。目前关于老年人污名化的研究多围绕新闻中对老年人片面化的报道和负面性的话语引导，老年人的污名化形象多呈现为无知、蛮横、制造麻烦的社会公共秩序破坏者，忽视了广大自媒体歪曲放大老年人在家庭场域中的表现这一细微却普遍存在、影响深刻的污名化现象。

综上，不管是隔代抚养研究还是老年群体污名化研究，对于老人带娃行为的媒介呈现，尤其是"奶奶带娃"的媒介呈现研究仍属空白地带。奶奶成为隔代抚养主力军的同时也成为媒介污名化的主要对象，引发值得关注的媒介和社会现象。本研究聚焦网络上"奶奶带娃"污名化的形象，以时下热门的短视频社交软件"抖音"为研究平台，探讨"奶奶带娃"污名化现象背后的生成机制，并对奶奶及其家人进行线下深度访谈，尽可能还原带娃奶奶的真实形象。主要涉及以下几个研究问题：

1.抖音平台中带娃奶奶的污名化形象有哪些特征？该形象被谁建构，如何建构？

2.现实中带娃奶奶的形象如何？与污名化的网络形象有何区别？

3.针对"奶奶带娃"的污名化现象有何去除策略？

（三）研究方法

本研究采用文本分析与深度访谈相结合

[1] DE MENDONCA LIMA C A, LEVAV I, JACOBSSON L, et al.Stigma and discrimination against older people with mental disorders in Europe[J].International journal of geriatric psychiatry, 2003, 18(8): 679-682.
[2] OGUNMEFUN C, GILBERT L, SCHATZ E.Older female caregivers and hiv/aids-related secondary stigma in rural south africa[J].Journal of cross-cultural gerontology, 2011, 26(1): 85-102.
[3] DEANGELO L M.Stereotypes and stigma: biased attributions in matching older persons with drawings of viruses? [J]. International journal of aging and human development, 2000, 51(2): 143-154.
[4] LIU D, HINTON L, TRAN C, et al. Reexamining the relationships among dementia, stigma, and aging in immigrant Chinese and vietnamese family caregivers[J].Journal of cross-cultural gerontology, 2008, 23(3): 283-299.
[5] 华乐.网络新闻中老年人形象塑造研究[J].青年记者, 2013, 439(35): 46-47.
[6] 阎瑾, 王世军.新媒体语境下我国老年人形象污名化探析：以"大爷""大妈"为例[J].传媒, 2018, 286(17): 79-81.
[7] 李成波, 周瑾.老年人媒介形象"去污名化"策略[J].新闻战线, 2018(10): 40-42.

的质性研究方法。抖音是一个面向全年龄段的短视频社交平台，因其界面设计简单、操作门槛低、可充分利用碎片化时间、传播性强等特点，满足着人们作为受众接收信息，作为制作者发布视频、表达情感的媒介需求，迅速成为网络平台中老少皆宜的佼佼者[①]。PGC+UGC（专业生产内容+用户生成内容）的生产方式，让用户感兴趣的内容得以形成阵势并迅速传播[②]。因此，本研究以抖音平台中关于"奶奶带娃"的短视频文本为研究对象。在抖音平台以"奶奶带娃""奶奶""隔代抚育""隔代抚养"等为关键词进行检索，

过滤不符合要求的视频后，共筛选出60个用于分析的视频样本，视频长度为1—2分钟。运用文本分析方法从短视频的配文、影像内容及发布者等方面分析"奶奶带娃"污名化现象，同时以半结构访谈形式、目的性抽样方法、滚雪球方式选取6位奶奶及其家人进行深度访谈，了解奶奶们日常生活中真实的带娃情况以及对污名化媒介形象的认知和处理方式，绘制现实形象图谱并与网络上的污名化形象进行对比，探究"奶奶带娃"污名化现象的媒介偏差及背后的深层原因，客观地为带娃奶奶群体正名。访谈对象基本情况见表1。

表 1　访谈对象基本情况

序号	化名	年龄	学历	户口类型	职业	孩子情况
第一组	暖暖妈妈	39 岁	博士	城市	教师	女，一胎，4 岁
	暖暖奶奶	64 岁	中专	城市	中医医生（退休）	
第二组	乐乐妈妈	33 岁	硕士	城市	私企人事主管	男，一胎，3 岁 4 个月
	乐乐奶奶	59 岁	高中	乡镇	自由职业	
第三组	童童妈妈	35 岁	博士	城市	公务员	男，一胎，1 岁
	童童奶奶	64 岁	本科	城市	医院会计（退休）	
第四组	琪琪妈妈	35 岁	本科	城市	自主创业	女，一胎，1 岁 4 个月
	琪琪奶奶	64 岁	大专	城市	交通事业单位（退休）	
第五组	多多妈妈	33 岁	大专	城市	证券从业者	男，一胎，3 岁 6 个月
	多多奶奶	58 岁	中专	城市	私营公司老板（退休）	
第六组	星星妈妈	32 岁	硕士	城市	教师	女，一胎，10 个月
	星星奶奶	59 岁	高中	城市	酒店职工（退休）	

①　吴佳妮.音乐社交短视频软件何以走红：以抖音App为例 [J].新媒体研究，2017, 3（18）：88-89.

②　常江，田浩.迷因理论视域下的短视频文化：基于抖音的个案研究 [J].新闻与写作，2018, 414（12）：32-39.

三、强势而落后："奶奶带娃"网络污名化形象特征分析

在"奶奶带娃"污名化形象塑造过程中，网络媒体发挥着不可忽视的作用。将所有视频样本的文本转换成文字，共获得115个高频词汇，从下列高频词图（见图1）中可以看出，在"奶奶带娃"的污名化视频中，除了"奶奶""孩子""育儿"等关键词，核心词汇有"教育""父母""妈妈""婆婆""婆媳""经验"等，综合反映出媒介对奶奶污名化的核心内容。为了满足信度需求，两名研究者分别分析视频文本，遇到分歧再进行讨论，最后核定带娃奶奶的污名化形象可以被总结为以下三类：育儿观念陈腐的落伍者、情感偏向无原则的纵容者以及言谈举止不良示范者。

图1 "奶奶带娃"污名化视频高频词图

（一）育儿观念陈腐的落伍者

由于出生年代与成长背景不同，"属于同一代的个体被预先设定了思想、经验的特定模式和历史行动的某种特征"，导致代际间在价值观、偏好、态度与行为等方面呈现出具有差异性的群体特征，即代沟①。祖辈与父辈两代人在育儿观念、方式上因代沟必然存在差异。"奶奶带娃"污名化视频多围绕老年人持有的传统育儿观念做文章，认为奶奶们深受"旧"思想影响，文化程度低，育儿思想落后陈腐。具体表现为以下三点。第一，奶奶的日常照料观念和方式落后，隔代抚养的孩子必然接受不到科学养育。很多短视频里的奶奶对医院存有先验认知偏见，孩子生病了不去医院，仗着自身经验，自作主张地投喂"民间偏方"，导致孩子病情加重；或在孩子不听话时讲鬼故事，把孩子吓哭，让孩子产生心理阴影，总体呈现出固执恐怖的奶奶形象。第二，奶奶在育儿装扮中的审美取向粗糙低俗，将孙辈打扮得"又丑又土"。视频多采用极夸张的拍摄手法将奶奶打扮的孩子与妈妈打扮的孩子进行对比：妈妈带的孩子打扮得光鲜亮丽，奶奶带的孩子则土里土气、脏兮兮的或被裹成"小粽子"，穿着八九件上衣，以此将奶奶塑造成不科学、不美观、不注意卫生与安全的形象。第三，直接将奶奶塑造成愚昧迷信、无法引导孩子树立正确价值观的负面形象。很多视频里的奶奶重男轻女思想严重，每天念叨着抱孙子、传宗接代，更有视频里的奶奶爱占小便宜、没有社会公德，从而认为奶奶为孙辈树立了错误的价值观，带来极深远的不良影响。固执愚昧、落后腐朽的育儿观念与育儿行为，成为奶奶污名化的重要标签，吸引受众对她们进行猎奇

---

① 曼海姆.卡尔·曼海姆精粹［M］.徐彬，译.南京：南京大学出版社，2002：80-81.

围观与指点评说。

（二）情感偏向无原则的纵容者

家族绵延在中国人心目中是一个永远不可改变的情结，使老人不忘对儿孙的责任。中国式的家庭养老和隔代抚养得以形成，主要源于传统伦理下代际间对彼此的责任与关心。老人对青春的眷恋、对自身血缘的认同、对子女感情的深化、化解孤独的需要等导致了"隔代亲"这种深厚感情的形成[①]。顺应大众一直以来的偏见和热议，污名化视频将"隔代亲"的情感放大，认为这是影响奶奶养育、孙辈成长发展的重要因素。视频中奶奶对孩子的缺点视而不见，事事包办、无原则宠溺，导致孩子任性、没有规矩意识、缺乏独立能力。比如短视频中的奶奶会追着孩子喂饭、忍受孩子对自己乱喊乱骂，甚至教孩子打架，成为孩子错误的道德示范者。同时，视频中的奶奶都有意识地与妈妈争夺家庭主导权，想要成为主要教养者。由于奶奶在子代家庭中的特殊育儿角色和立场，污名化视频往往会夸大普遍存在的婆媳矛盾、亲家矛盾、亲子矛盾，倾向于一边倒地将孙辈的教育过失归结到奶奶身上，认为是奶奶"隔代亲"的情感偏向导致孙辈养育的偏差与错误。更有视频为了博人眼球，将标题取为"奶奶的带娃方式会害了孩子一生"，"妈妈生，奶奶养，爷爷挣钱把咱们养，姥姥姥爷来观赏，爸爸回家来上网"的内容，"世上只有妈妈好马上就要变成世上只有奶奶好了"的评论，这些对奶奶的片面污名化处理加深了妈妈的情感担忧，更易引发代际抚育矛盾。"隔代亲"的奶奶被塑造成育儿过程中的越界者，溺爱与骄纵给孩子的性格养成与道德修养的树立、家庭关系都带来了不良影响。

（三）言谈举止不良示范者

家庭教养方式极大地影响着个体表现出来的行为方式[②]。幼儿正处于模仿、学习的关键期，而老年人的精力、语言、行动、思维都在逐步衰退，这也成为污名化视频关注的重点。首先，污名化短视频将奶奶在孙辈学业养成方面塑造成文化水平低下、教育技能不足、难以承担主要辅导责任的形象。视频中的奶奶不管来自哪里、条件如何、打扮是否光鲜，都会带着口音把"小老虎"念成"小脑斧"，把"蛇"叫作"大长虫"。媒介用这些令人"啼笑皆非"的场景博人眼球，对奶奶进行调侃甚至嘲笑。其次，短视频有意强化奶奶"只管养不管教"的形象。延续其"隔代亲"的无原则纵容者形象塑造，奶奶缺少对孩子学习的监督和辅导能力，不能科学合理地安排孩子的家庭学习任务和计划，甚至主动放弃对孩子学业的管理，放任其无限制地玩耍，进而引发对奶奶的批判和声讨。再次，奶奶作为老年人的行动特征和生活习惯也被短视频拿来戏谑嘲弄。一些摆拍、杜撰的短视频中，孩子有意模仿老人弯腰走路、跳广场舞、跷二郎腿，被吐槽为"继承了奶奶的气质"，成为被围观和玩笑的"小老人"。

---

① 张芹."隔代亲"的心理剖析［J］.心理世界，2003（7）：23-24.

② 布朗芬布伦纳.人类发展生态学［M］.曾淑贤，刘凯，陈淑芳，译.台北：心理出版社，2010.

此外，视频中呈现了很多奶奶沉迷于打麻将、玩手机、聚会喝酒，对孩子疏于照顾或是情感淡漠、见钱眼开。这都成为短视频竭力批判的孙辈不良生活习惯和心理状态的根源所在。

隔代抚养让奶奶肩负着照顾孩子的责任与压力，但污名化短视频通过剧本撰写、视频拍摄强化了世俗长久以来对奶奶群体强势蛮横、思想落后、管教不力的偏见，使带娃奶奶的整体形象遭到质疑。

四、"我并不OUT"：奶奶的现实形象揭示

污名化短视频将奶奶这一群体塑造为脸谱化、单一化的负面形象。为了厘清媒介形象与真实形象之间的偏差，我们对6位正在带娃的奶奶及其儿媳进行了半结构式采访。受访的奶奶对于抖音中流传的"奶奶带娃"污名化短视频普遍都有接触且表现出反感的态度，她们均不知如何发声，苦于自己无法运用媒介去除"污名化"，这也客观反映了数字移民群体的整体困境。根据对奶奶和妈妈的访谈材料分析，我们针对媒介对奶奶的污名化形象塑造，梳理总结出奶奶真实形象的以下特征。

（一）理解代沟：批判吸收的学习者

针对视频中带娃奶奶育儿观念落伍的呈现，不仅受访的奶奶认为这是一种较大的偏见与误读，而且受访的妈妈认为自己的婆婆"前卫""与时俱进""远超过同龄人"。

我也会关心孩子穿得好不好看，也会关注很多信息，研究小姑娘怎么打扮比较好看，不像网络上说的那么邋遢、不讲究。——星星奶奶

现在的奶奶多是出生于20世纪50年代末、60年代甚至70年代的"新生代奶奶"，是老年人中的"年轻人"，年华虽老去，但功能还没老化，仍保持着足够好的健康功能和心理状况①。她们的受教育水平、工作经历、思想观念与审美能力都有很大提升，受访的奶奶中就有企业职工、退休医生和退伍军人等。她们普遍心态年轻、较为开明，在实际教养过程中能够认识并理解代沟的存在、尊重差异。她们虽然会抱怨现代科学育儿方式"太标准化""要求太高""专家自己都不一定能做到"，但对子代"照书养娃"给予充分的支持与信任，认为子代受教育程度高，更加符合当代社会精细喂养和科学育儿的现实需求。并且，她们不甘落后，愿意主动学习先进科学的育儿方式，更新自己的育儿理念，以适应新时代的育儿需求。

现在看来，社会在发展，科学喂养已经是趋势了，所以我要慢慢融入。我觉得我现在老了，要重新学习育儿知识了。——琪琪奶奶

我们会交流。她拿不准的会问我，或者我有什么觉得很好的育儿方法也会告诉她，她就会去尝试。——乐乐妈妈

---

① 穆光宗.有品质的养老：新生代城市老人的新追求［J］.人民论坛，2019，630（13）：72-73.

奶奶们本身就有着丰富的养育孩子的实践经验，在新观念冲击下，她们没有迷信自己的经验，也没有盲目接受网络传播或子代反哺的各种新的育儿知识，而是基于经验做出质朴而智慧的判断。

> 有利是肯定的，了解信息的渠道很多，让你知道怎么去带孩子。但是也有弊，不是所有的都是好的，得去辨别真假！有的我就觉得说得不对。——星星奶奶

> 我婆婆既相信自己的经验，又愿意积极地拥抱现在的数字媒介，去主动寻求值得学习的信息，然后将二者结合在一起。——童童妈妈

比如，出于多年的传统和习惯，奶奶们对不能给孩子把尿、辅食营养搭配等观念有接受障碍，但在获得解释后也会尝试接受、改变。许多知识也为奶奶自身的经验提供了科学依据。

> 现在更讲究了，以前好多做法是没道理的。比如吃辅食，我以前只知道要喂蛋黄，现在才知道这是因为蛋黄里含铁。以前我虽然知道这样做，但不知道原因。——星星奶奶

（二）尊重子代：育儿过程的辅助者

在育儿角色分配方面，受访奶奶们普遍认为出现问题的是别人家，自己家中的育儿关系和谐、分工明确。父母是教育孩子的主导者，自己只是辅助者，期待得到孩子父母的肯定和称赞，并且乐于将孩子还给空闲的父母，培养亲子亲密度、增长孩子的见识和社会技能，自己也能获得片刻喘息。

> 以她妈妈的意愿为主，我们只能帮助儿媳妇带孩子。他俩的工作太累、负担太重，我们尽最大的努力把家里安排好，把孩子照顾好。——暖暖奶奶

> 她（奶奶）的互动很频繁，相当于我发了她会回，她发了会在意我有没有回，不像我爸我妈，可能发完就不管了。——童童妈妈

通过采访可以发现，普遍存在的隔代亲行为以及因教养形成的孙辈依赖，确实会给父母的管教带来一定的阻力。

> 肯定会有分歧，比如我看闺女的时候，就让她自己玩，不会近距离地黏着她，想让她独立。但是我婆婆可能为了她的安全，总跟着她。我觉得这个行为不太符合我的预期。——琪琪妈妈

> 对孩子来讲，她觉得有一个躲避的港湾。我在跟她生气的时候，她永远会找奶奶。后来我跟他们说，在我教育孩子的时候，不要有人去扮白脸，就形成了一种默契。——暖暖妈妈

在中国这样一个注重个体之间的相互依赖融入、和谐共存的社会里，家庭的和睦往往优先于个体需求。因此，在育儿观念产生分歧时，奶奶们会选择维护家庭的和谐，而孩子的爸爸在这个过程中多充当调节的"工具人"。

现在跟以前那种关系不太一样。以前好像必须得听婆婆的，各方面规定都以婆婆为主。现在是自主的，婆婆和儿子儿媳都有自己的观念，大家讨论一下，谁说得对就听谁的。——暖暖奶奶

在长辈眼中，家庭幸福的终极标志是养育完美的下一代、再下一代。因此，经过沟通后，奶奶们会适当放手。

小孩不能娇生惯养，他要什么你就给什么。恨不得他要星星，你都不敢给他摘月亮，那就不行了。孩子是一张白纸，用自己的言行去影响孩子，首先自己应该做得更好。——琪琪奶奶

在传统向现代的转变过程中，我国家庭环境已然发生变化，其中祖辈群体的主导地位正在逐渐失去。奶奶们在年轻时经历了同时兼顾家庭、工作和带娃的时代，受到传统婆媳关系的困扰，年老后并没有形成"多年媳妇熬成婆"的态度。作为对子女放手的第一代，她们允许子代建立自己的家庭，默认了子代家庭权力向儿媳倾斜。她们出于自己的经历和对子代生活压力的理解，成为子代核心家庭和育儿活动的融入者和辅助者，尊重子代的选择，一切行为的目的都是子代家庭的幸福和睦以及血脉的延续。

（三）孩子为重：全新生活的融入者

对于"奶奶带娃"不尽责、坏处多这类视频，奶奶们具有强烈的抵触情绪和反感心

理。就像演员在舞台上扮演某一角色一样，人生活在群体中，个体的行为也会像按剧本演戏一样受到群体生活的规范制约，在不同阶段、不同环境扮演不同的社会角色[①]。"角色压力理论"认为，个人在面临多重角色身份时，身份冲突会引发个体压力，在其心理上形成负面影响。

虽然网络言论自由，但是散布这种信息十分不负责任。

评论都挺不好听的。奶奶是无辜的，都在尽心尽力帮人家带孩子，不要你一分钱，不要你说一句好的，舍了自我，为了儿女，不能一巴掌就拍死……老人从一个地方挪到另一个地方，生活习惯，心里的焦虑孤独，从来都不会跟儿女说，只能自己消化。小的不理解老的，但是也不能喷老的啊。——乐乐奶奶

奶奶们受儿女委托，被赋予了更加强烈的责任感。奶奶们在如何有效和明确地进行隔代抚养、如何进行家庭成员间的理性对话、如何进行情绪的自我管理等方面面临着很大的心理压力，甚至有时过于认真、过于担心。

带孩子责任很大，不能有闪失。孩子小的时候磕了碰了，我都受不了。——乐乐奶奶

原来孩子感冒了，我们就赶紧给孩子吃点儿药，积食了就吃点儿枣子干。过去是自己的孩子，现在可不敢，现在

---

① 金盛华.社会心理学［M］.北京：高等教育出版社，2005.

担的是责任。人家爹妈说看去，你说不去看，出了事怎么办？——多多奶奶

受访奶奶们原本都过着多姿多彩的退休生活，来到一个新的家庭环境后，从相对自由者再次成为新家庭的照料者，原有的社会交往多为养育活动让路，这样的角色转换让其在短时间内难以应对。

我以前的生活还挺有规律的。退休以后，我几乎每天晚上去跳广场舞。现在不行了，得看孩子带孩子，这几年就没跳舞。在东北，我们朋友多，跳舞、游泳、打球，反正每周都有活动，特别开心。这一下子一天都玩不了，把以前的那些规律都打乱了，就感觉特别孤单，不咋适应。——暖暖奶奶

承担着"家庭职业"的奶奶们很有可能在长期的情感劳动中感到倦怠与不真实，从而产生"情感失调"，影响其心理健康和幸福感[1]。网络上很多内容都抓住了这一点，宣扬"奶奶带娃"对自身的负面影响，"带孩子不是奶奶的责任""带了孩子也不落好，也不给养老"，想要引起老年人的共鸣。但是，受访的奶奶们表示，这种言论是让人反感的胡说八道。

社会变迁如此巨大，奶奶们受到传统理念与现代理念的交互影响，既拥有了女性自我解放意识，主动或被动地接受代际的剥离

与独立，又无法放下家族责任，认为带娃是一种传统、传承，不应要求物质回报。在曾经近40年的独生子女政策下，传统的多子多福思想无法实现，孙辈的到来，给予奶奶们希望和机会来弥补缺憾。她们主动放弃了自己的社交及娱乐，将生活的重心转移到孙辈身上，试图通过抚养孙辈来找到生活的新意义。

真是乐趣。有时候睡觉之前我都要先看一看别人家做的什么、怎么做的，第二天就琢磨着给他做，把这当成一种乐趣了。这都是新鲜事物，老了还能学点儿育儿知识，我感觉自己也融入时代了。——琪琪奶奶

付出了自己的全部心血，比带儿女付出的还多，但是最终获得了幸福，幸福指数5颗星。每天看着孩子哈哈一笑，我就想现在有大孙子最幸福。孩子健康快乐，儿子家庭和睦，这就是老来福，不求别的。——乐乐奶奶

比起压力和不适，奶奶们更容易满足于天伦之乐带来的幸福感，呈现出负责且知足的形象。

五、刻板印象与囿于困境："奶奶带娃"污名化现象的构建分析

在生活节奏如此之快，人际交往成本昂贵的今天，社会大众除了对身边的老人有所了解，对于陌生老人乃至整个老人群体的了解主要来源于网络，在很大程度上受媒体影

① HOCHSCHILD A R.The managed heart: commercialization of human feeling [M].Berkeley, CA: University of California Press，1983.

响，极易出现偏差。因此，一旦网络给"奶奶带娃"冠上不科学、脏乱差、只抚育不教育等标签，参与隔代抚养、承担照料儿孙重任的奶奶就要背负这样的偏见。在媒介、受众、家人、老年群体自身四者的综合作用下，"奶奶带娃"污名化现象蔚然成风。

（一）家庭代际矛盾难以解决

代际矛盾是家庭场域永恒的话题，观念差异导致代际间呈现传统认知与现代认知的博弈，进而促发媒介天平的倾斜。隔代抚养在拉近家人空间距离、增强代际互动的同时，也会对代际关系产生消极影响。子代家庭除了夫妻亲密关系，突然增添了亲子关系、祖孙关系、婆媳关系等多种代际关系。父母与子女、夫与妻这两种关系是家庭组织的基本轴心。在中国传统家庭中，前者的关系似乎更为重要。新生代奶奶虽然属于"不老之老"，心态较为年轻，但还是受传统观念影响较多，养育观念多来自长辈或自身生活经验。但是子代受教育程度更高，在养育过程中更多接触到西方育儿观念和现代科学方式。在城乡一体化过程中，长为尊、男主外女主内等观念被逐渐颠覆，人人平等、个人中心的观念越来越强，导致代际矛盾更容易被激化。

同时，两代人有一个共同的目标——第三代。在具体实践中，团结一致的家庭容易因抚养第三代产生矛盾。很多奶奶都说"要不是因为看孩子，我们（和子代）平时都没有矛盾"。隔代抚养强化了祖辈的家长角色，孕育下一代也强化了年轻父母摆脱"孩子化"角色的愿望。在现实生活中，不论父方还是母方的亲戚，都对孩子感兴趣。由于家庭边界不清晰、家庭角色错位、生活模式迥异、价值观念差异等，家庭成员间的角色冲突与代际矛盾不管是在"姥姥带娃"还是"奶奶带娃"中都会出现。不同的是，就养育孩子来说，多数父亲只是母亲的助手，偶尔是孩子的玩伴，母亲承担更多的义务，养育纠纷经常发生在母亲这一方。由于母女之间的血缘和亲密关系，"姥姥带娃"过程中的冲突很容易被消解；而"奶奶带娃"过程中的婆媳矛盾往往处于"看不了又说不了"的尴尬境地，双方出于对家庭面子的维护，多互相妥协、较为平和地共同生活。所以，越来越多的家庭倾向于选择姥姥带娃。

短视频的内容和评论抓住了本就普遍存在于隔代抚养家庭中的代际矛盾、婆媳关系等问题，对现实进行夸张化与剧情化的演绎，把一些心理层面的情绪具象化。奶奶在家庭生活和隔代抚养中出场过多且自身媒介素养有限，无法自主运用新媒介完成自身形象塑造，首当其冲成为被污名化演绎的对象。媒介成为年轻人，特别是媳妇表达对老人不满的重要渠道。她们通过制作短视频、刷短视频、参与评论收获群体认同，获得心理慰藉，在某种程度上成为"奶奶带娃"污名化形象的重要制造者、参与者、观看者和传播者。

（二）媒介之力促成污名化形象

在互联网时代，自媒体快速崛起，人人都有话筒，注意力成为一种稀缺的资源，诉诸感性比诉诸理性更易具有话题性，能够得到更多的传播与响应。许多自媒体人责任意识缺失，素质参差不齐，热衷于通过制造热点和蹭热点来获取商业利益。在涉及"奶奶带娃"的短视频中，很多冠名"母婴用品""儿科医生""亲子教育"的自媒体账号为了吸引眼球，增加点击率，惯于利用妈妈群体的接受心理，故意将"奶奶带娃"的形象污名化处理，强化婆媳间的矛盾和冲突，营造"语不惊人死不休"的传播效果，以赢得妈妈群体的关注，进而贩卖自家的商品或服务。社交媒体上的内容生产方和受众均能发表意见并进行交流，媒体将受众的积极互动视作对该类内容价值的肯定，甚至有些主流媒体也相应调整方向，迎合受众的喜好，选择报道该议题。污名化视频的发布者中不乏地方官方媒体，自认为有针对性地报道个别的、特殊的事实，受众接收到的却是对奶奶群体形象的感受。污名化内容铺天盖地，不可避免地会影响公众对奶奶形象的理解，强化公众对"奶奶带娃"污名化的预设性认知，通过沟通和互动形成社会污名认知。媒体的镜头成了"放大镜"，迎合受众片面选材、缺乏深度剖析和客观评价的报道行为，在"奶奶带娃"污名化现象的形成和传播过程中起了强有力的推波助澜作用，最终形成对奶奶群体有失公平的舆论现实。

（三）当事人集体失语纵容污名

带娃奶奶群体作为数字移民正面临集体失语带来的媒介困境。尽管受访的奶奶们意识到网络污名化的存在，并感到十分不满，但她们在网上只能沉默忍让，几乎无一例外地选择了"划上去""不看""不感兴趣的视频"等做法来减少推送概率，偶尔气不过，发评论辩驳，结果往往石沉大海。奶奶们的沉默，一方面可以归结为媒介素养有待提高。截至2021年6月，我国50岁及以上网民占比28.0%[①]。尽管中老年网民越来越多，但更多人仅仅作为受众通过网络获取信息，他们普遍不具备制作、上传、发布短视频的媒介操作能力，缺乏主动发声的能力与自信。奶奶们在现实生活中抱怨，在网络上保持沉默、消极应对，成为透明人。另一方面受第三人效果影响，奶奶们倾向于认为媒体上的负面信息对他人的影响大于对自己的影响[②]。视频中的问题可能出现在其他人身上，与自己无关，只要自己不关注污名化视频，生活就不会受到影响。奶奶们没有将个体的行为与群体身份相联系，轻视了污名化对自身的危害。网络已成为我国最大的公共舆论集散地。谁占领网络，谁拥有话语权，谁的声音便成为主流，便是正确的。新媒体从业者和受关注主体多是年轻人，很难从老年人的角度去观察和思考。由于缺乏话语权和合适的发声渠道，带娃奶奶们难以为自己辩驳。群体失语纵容了污名化形象的扩散，并把影响迁移到现实生活中。大众因为网络中的污名化现象改变对奶奶群体的看法和态度，奶奶们被迫承受着污名化带来的不公平待遇。

① 李政葳.我国网民规模超10亿：解读第48次《中国互联网络发展状况统计报告》[EB/OL].（2021-08-28）[2021-11-01].https://news.gmw.cn/2021-08/28/content_35119430.htm.
② 郭庆光.传播学教程[M].北京：中国人民大学出版社，2011.

（四）受众围观效应强化舆论

在大众的观念中，家庭纠纷经常发生在媳妇和婆婆之间，人们理所当然地认为婆婆是媳妇的潜在对手。她们之间发生摩擦是司空见惯的，而关系和睦就会得到特殊的赞扬。[①]媒介造成的首因效应和围观效应引导并强化着这种舆论。年轻群体本应向老年群体学习他们身上的优良传统和经验智慧，但因为批判、质疑和思辨能力不够，当媒体为了追求商业利益，瞄准奶奶群体的失范行为加以渲染，把奶奶放在大众对立面时，受众接触到过多对"奶奶带娃"的控诉，很容易轻信这些把关不严的信息，误将其当作真实，并在对奶奶出格行为的围观中获得自我认同和尊严。因此，在网络中"奶奶带娃"污名化内容占主导时，奶奶群体本身处于失语状态，"沉默的螺旋"效应也会使得一些想要为"奶奶带娃"发声的个体在铺天盖地的批评中感到自身的突兀，转而"集体失语"或依据他人的观点形成评价，出现舆论一边倒的情况。负面形象一旦诞生，就会快速在受众中产生反馈，由于首因效应，即使事后纠正，影响力也会大打折扣。并且，当别人拿出少数能够驳斥既存刻板印象的例子时，大多数人并不会改变他们的整体信念，反而会增强刻板信念，激发他们找出一些额外的证据来支持所持有的信念。[②]越来越多的人在网络的"同温层"中相信彼此的分享，忽略与事实不符的言论和证据。在媒介与受众的互动中，进一步推动了"奶奶带娃"污名化的进程。大众将网络上虚拟的刻板印象引申为现实中对带娃奶奶的偏见，很难对这一群体产生好感，使本就存在的代际冲突更为突出，导致带娃奶奶的社会形象转变、地位下降，受到误解和区别对待，彻底完成对带娃奶奶群体的污名化。

六、结论与启示

美国社会学家丹尼尔·帕特里克·莫伊尼汉（Daniel Patrick Moynihan）曾说过：一个民族的文明质量可以从其照顾老人的态度和方法中得到反映，而一个民族的未来则可以从其照顾儿童的态度和方法中预测[③]。奶奶带娃涉及老人、子女、孙子孙女等三个群体，深刻影响到当代中国社会最基本的单位——家庭，因此，关于这一群体的舆论问题十分值得我们关注。

通过分析视频文本、挖掘访谈内容，本研究发现网络视频中带娃奶奶们普遍呈现出"强势又落后"的污名化形象，最能引起广大网友共鸣的无疑是夸大奶奶在带娃中对孩子情感处理、行为养成、价值引导的不当。而真实的奶奶们早已迈入育儿新纪元，主动将自己放在尊重子代的辅助者位置，出于家庭需要学习、接纳新的科学知识和生活方式，并且认为，无论在家庭还是在网络中，自己才是弱势的一方。现实形象与虚拟形象形成

① 费孝通.江村经济［M］.戴可景，译.北京：北京大学出版社，2012.

② 阿伦森，等.社会心理学［M］.侯玉波，等译.5版.北京：中国轻工业出版社，2005：379.

③ MOYNIHAN D P.Family and Nation［M］. New York：Harcourt，Brace，and Jovanovich Publishers，1986：68.

对立，现实地位感知与虚拟地位出现错位，这背后除了长久存在于家庭中的代际矛盾、媒介利益驱使下的责任感缺失、奶奶群体作为数字移民的集体逃避式失语和长久地被忽视、大众普遍的误解和盲目跟风等原因，更反映出亟待提升的全民媒介素养问题。

本研究还有很多待完善之处，仅关注了新兴的短视频平台，媒介形象建构的整体性还需进一步完善，并且访谈的对象多来自城市，涉及农村奶奶的访谈材料不足。随着孩子长大，隔代抚养家庭的矛盾会越来越复杂。带娃奶奶群体还在沉默中等待大众直面存在已久的老年人污名化问题。

老人丰富的经验可以成为每个人人生的参考坐标，尊老敬老不仅是传统美德，还是现实生活的必需。近年来，相关部门大力推动互联网应用适老化水平，着力解决老年人在智能技术方面遇到的困难，让老年人公平地共享数字社会的福利。去除"奶奶带娃"的污名化，其家人应首先学会交流沟通、互相尊重，消弭因隔代抚养产生的矛盾，而不是积攒抱怨和不满；利用自身知识和经验，在网络和现实中为带娃奶奶发声。媒体应提高从业者的媒介素养，强化责任意识，加强行业自律，注重内容的价值，更客观、全面、准确地呈现、还原真实。平台作为发布信息的机构，应提高把关人的监管力度，对所上传的内容进行严格审核。带娃奶奶群体也应在形象传播方面做出努力，要注意避免出现视频中的问题，同时通过学习和实践，拓展数字生活融入的广度和深度，享受网络提供的观点表达、情感交流、关系建构等服务，增强虚拟世界中的权利意识，积极发声，重构新时代心态年轻、积极开放、亲和睿智的奶奶形象。

中国社会人口老龄化不断加深，"老吾老以及人之老"。网络上不负责任的语言暴力，往往会导致一个群体遭遇现实中和虚拟中的双重人为窘境。网络主体向年轻人的倾斜只是网络发展中的一个过程，绝对不是向老年人紧闭大门的借口。老年女性作为社会群体，理应在平台打破沉默、发出自己的声音。年轻人应善于运用自己的批判性思维，在话语错杂的当下，注重信息的真实性与客观性，不被情绪绑架，不以偏概全，给予带娃奶奶等老年群体更多的包容和支持，鼓励他们从社会边缘走向数字化中心。

通过多方共同努力，积极探索出能够长幼共融、老少同乐、家庭和睦、社会理解的中国式隔代抚养模式，让带娃奶奶们既能在照顾孙辈的过程中获得对自我价值的肯定与尊重，又能在缓解家庭压力的同时获得儿孙满堂、颐养天年的幸福感。

作者简介：

安利利，北京师范大学高校思想政治工作队伍培训研修中心、艺术与传媒学院助理研究员。

王晶莹，北京师范大学艺术与传媒学院博士研究生。

社会原子化视角下青年群体集体意识的培育探析 *

闫兴昌　曹银忠

[摘要] 社会原子化是"机械团结"向"有机团结"转变过程中产生的一种群内"抱团化"、群外"碎片化"的社会现象。尤其在网络新媒体的分权与赋权下，其以"贵己"重于"贵群"为主要特征，在人际关系、道德认知、"共同意识"等方面给青年群体集体意识的培育带来了潜在的挑战。这需要我们从网络化个人主义的崛起、集体主义教育中的逆反心理、西方"耦合思潮"的侵蚀三重维度探究影响青年群体集体意识培育的隐匿因子，进而克服非理性"群体意识"、增强教育的"合力"效能、挖掘隐性塑造功能，夯实青年群体的"集体良知"。

[关键词] 社会原子化；青年群体；集体意识

麦克卢汉认为，人类社会正沿着"部落化—非部落化—重新部落化"三种社会形态演进。如今，在网络主权崛起的时代，他的"重新部落化"预言似乎正在变为现实。与原始部落不同的是，这些部落犹如层层聚拢的"原子群"，以极具能量的"原子核"为中心，形成组织严密的群体，而未能与强势群体抱团的外围"原子"，只能被边缘化、工具化、孤立化，日益呈现出社会"碎片化"的状态。通过对原子化社会中青年群体集体意识的培育探析，不仅可以明晰群己权界，填补中间组织缺失的"真空地带"，还可以引导青年重构"集体良知"，为"两个一百年"奋斗目标和中国梦的实现筑牢思想根基。

* 本文系 2019 年度国家社会科学基金重大项目"大数据时代思想政治教育理论、方法与实践的创新研究"（项目编号：19ZDA007）的阶段性成果；2020 年度教育部人文社会科学研究规划基金项目"历史合力论视域下高校思想政治理论课协同育人的建构路径研究"（项目编号：20YJA710001）的阶段性成果；2020 年中央高校基本科研业务费（中央财政专项）哲学社科繁荣计划"大数据时代精准思政创新模式研究"（项目编号：ZYGX2020FRJH011）的阶段性成果。

一、社会原子化对青年群体集体意识培育的可能性挑战

（一）逆转：人际关系疏离化，加速社会纽带松弛化

首先，随着社会发展，青年群体交往趋于扁平化、疏松化。汉娜·阿伦特（Hannah Arendt）在《极权主义的起源》中，把现代社会中那些孑然无依的个体称为"原子化的个体"，认为这些个体是完全"隔绝化""私人化"与"空心化"的。①当前，青年群体在对网络从"释放"走向"赋权"的过程中，对网络社会做出了纯工具化的理解。扁平化、疏松化的人际关系折射到网络社会，只会加剧青年那种精神上的无家可归与漂泊无根的心绪。其次，"解放价值"崛起，个体与公共世界之间催生"真空"地带。在原子化特征初现的网络社会中，"国家—单位—个人"那种纵向组织体系的神圣感被消解，逐渐嬗变为"国家—个人"这种缺失中间组织的结构体系。这种现象不仅使个体开始脱离庇护体系和归属体系，成为从组织中剥离出来的分子化的、孤立的个人，而且使维系良序社会的情感纽带日益松弛，社会整体面临"碎片化"的态势。

（二）失范："道德密度"稀释化，加速良序社会失衡

一方面，"道德密度"稀释化可能导致社会规范"失灵"。在单位社会时代，每个单位人作为单位个体，他们生于斯，长于斯，乐于斯，单位成为联结"原子化个体"的场所。随着大批"单位人"尤其是青年群体转变为"社会人"，使得"原子化个体"直接面对公共世界。在这个"去单位化"的话语背景下，"集体意识的衰落无疑会使社会陷入道德真空状态，社会成员失去了社会的凝聚力，在意识领域内各处闲散游荡"。②社会可能被各种罅隙和"必要的张力"所充斥，人文价值可能遭受贬值，社会规范可能面临"失灵"的境况。另一方面，"群体抱团"可能诱发良序社会失衡。强势群体凭借特殊的"社会资本"实现层层聚拢的畸形抱团。这种群体抱团化以极具能量的青壮年为核心，形成类似于"原子"的存在，外围的松散"原子"则围绕着"原子核"运转，实现组织严密的"强强联合"。而组织外围的"原子"只能日益边缘化、工具化，被一种神秘的力量孤立起来。这不仅与强者原子核化，弱者边缘化的"马太效应"如出一辙，而且会致社会于无序的境况，使社会失衡，加剧社会的"碎片化"。

（三）质变："共同意识"弱化，加速"中介性权威"消泯

在青年群体从"单位人"到"社会人"的转变过程中，"机械团结"为主导的社会中那种充满温情和"集体良知"的共同组织日趋瓦解，而代之以"纯粹个人"为主体的

① 阿伦特.极权主义的起源［M］.林骧华，译.北京：生活·读书·新知三联书店，2014.

② 李汉林，渠敬东.中国单位组织变迁过程中的失范效应［M］.上海：上海人民出版社，2005：8.

"有机团结"社会正悄然而至。这种原子化动向及个体"公共精神"的弱化，会加速"中介性领域"从良序社会逃逸的进程，加剧"中介性权威"的消泯。一方面，当社会出现组织乏力或空场时，恶性的组织就会伺机填补这一"真空"地带。届时，原子化个体的"不满意度"和"相对剥夺感"便会拒斥"共同意识"，以致"中介权威"难以"服众"，新的"集体认同"更是难以确认，最后引致"一切等级的和固定的东西都烟消云散了，一切神圣的东西都被亵渎了"。①另一方面，在原子化进程中，部分青年群体在高扬人的理性和主体性，以致"祛魅"——冲破传统束缚的同时，可能会带有反常性质的去道德化特征。这些冲破桎梏的青年群体走向"风险社会"时，便会陷入惝恍迷离的现实旋涡，只能凭借仅有的零碎印象奋力拼凑着"现实的我"，最终"既在挣脱传统中独立，又在传统的倒塌中孤立，孤独地面对外部世界，在独立与孤立的张力中陷入'交而不往的疏离'"。②

二、社会原子化视角下对青年群体集体意识培育的多重观照

（一）主体观照：网络化个人主义的崛起易引发青年"集体意识"式微

作为一个非线性的开放系统，网络空间

这种远离平衡态的耗散结构，自然包含着从无序到有序的负熵流以及熵增带来的解构危机。不可否认，新媒介的赋权迎合了青年群体权利反转、符码消费、心理赋能的现实需求，然而技术的束缚被解除后，尤其在打破"逻各斯中心主义"的解构语境下，这种社会熵流带来的解构危机——网络化的个人主义愈加严重。在这种去身体化的虚拟场域中，由于伦理本位与差序格局的交织，公与私、群与己的界限更加模糊不堪，物质实体可能被消解与遮蔽，被虚幻的影像符码取代。浸润在技术幻境中的青年群体，在试图从符码构建的逻辑中寻求"自我认同"与"自我意识"时，个体的原子化样态被无限放大。这种物质生活以物化、精神生活以超越性为特质的生活状态，不仅引导青年群体置身于浅表性、暂时性的虚拟场域中，远离社会真实，还将其置于一种"无人知晓"的状态，最终迫使其摒弃"集体良知"，陷入一种自我中心主义的境地。

（二）介体观照：对集体主义教育的逆反心理加速了"群体本能"的缺失

"千人同心，则得千人力；万人异心，则无一人之用。"在马克思看来，"真实的集体的条件下，各个个人在自己的联合中并通过这种联合获得自由"。③不啻如此，在真实的集体中，完善的个体与丰满的集体成正比，集体不是作为与个体"无涉"的异己力量独立存

---

① 马克思，恩格斯.马克思恩格斯选集：第一卷[M].中共中央马克思恩格斯列宁斯大林著作编译局，译.2版.北京：人民出版社，1995：275.
② 弗罗姆.逃避自由[M].刘林海，译.北京：国际文化出版公司，2007：22.
③ 马克思，恩格斯.马克思恩格斯选集：第三卷[M].中共中央马克思恩格斯列宁斯大林著作编译局，译.2版.北京：人民出版社，1995：84.

在，而是与个体的生理性存在和意义性存在俄顷不分。当前，信息技术的指数增长与全球化魅风骤雨般的发展，不仅使青年群体于"第二人生"的异质空间中肆意狂欢，假以实现"原子化个体"身份的转型重构，更激化了集体主义教育中一定程度上对人本缺失的强烈逆反心理。集体主义教育中，一旦人本缺失，就会加速青年群体从社群关系中"脱嵌"出来，从"自我意识"走向"自我扩张"，陷入个体与集体间"变形或异化"的泥潭，最终使正在经历心理"断乳期"的青年群体罔顾"集体良知"，将个体的"自我实现"与集体的"共同善"相疏离。

（三）环体观照："耦合思潮"的浸渍助推了自由意识下"共意"的消解

随着旧世界的"祛魅化"，世界进入了网络共享时代。以"个人奋斗"及"自我实现"为主要表现形式的西方"耦合思潮"自然纷至沓来。在"自由化"的潮流中，青年群体是最喜于"猎奇"的群体，因而也是西方国家极力拉拢的对象。他们的"隐性武器"绝不是简单、粗暴的"灌输"式使用，其吊诡之处不仅是披着极具变动性与隐匿性的学术化外衣争夺话语权，而且还假以"利益代言人"或"思想解惑人"的面目去蛊惑当下的青年群体。在以"分化"和"西化"为主导的"耦合思潮"影响下，"个人真理"的合法性可能得到强化，"宏大叙事"可能被消解，而这种提倡以差异的流动来替代"同一性原则"的"耦合思潮"，一旦捕获了青年群体的求异心理，就会引致青年群体自由意识下的"共意"消解。

三、社会原子化视角下青年群体集体意识培育的进路选择

（一）明辨：克服非理性"群体意识"，保持个体生命张力

其一，要用价值理性取代"工具理性"，克服非理性"群体意识"。古人对"群体意识"——共性思维原则的崇尚，发轫于儒家的实用主义经验哲学和道家的虚无主义生命哲学的双重耦合，其必然会造成一种非理性的、缺乏个性主体意识的群体盲从性。虽然青年群体身处"丰裕的社会"，但在资本逐利逻辑的牵引及"物的包围"下，同样需要警惕这种非理性的"群体意识"。青年群体不仅要确立精神自主性和独立人格，主动进行人生的自我赋值，改变资本逻辑控制下"单向度的人"，还要及时用价值理性取代"工具理性"，脱去"隔绝"现实的外壳，从而遏制非理性"群体意识"带来的散沙式"合群"危机。其二，要用"修己安人"取代"合群自大"，实现个体自我赋权。与墨、法重"兼"，道家重"独"的极端化相比，先秦儒家的"群己观"对处于原子化社会的青年群体仍有借鉴之处。首先，要加强青年的个体能动性。"孔子的'群己观'是在群己互需的逻辑框架中展开的，"[①]他强调，"欲仁""为仁"不仅是依靠个体主观努力所追求的至上境界，还是一种自觉自主的道德行为。其次，要学会"修己安

---

① 曹银忠. 大学生网民群体研究［M］. 北京：人民出版社，2019：46.

人"之道。儒家认为，"为群"与"贵己"应该兼重，"修己"与"安人"应该统一。"修己"是前提，"安人"是目的，"修己"是为了更好的"安人"。如今在"群己之辩"的问题上，尤其是在社会原子化的场域下，重塑"集体良知"并非倡导社会退回以"机械团结"为主导的社会，而是在重塑"集体良知"的同时，保持个体的生命张力，实现"社会我"与"个人我"，"主我"与"客我"的有机统一，通过"群体意识"认识更加清晰的"镜中我"。

（二）协同：增强教育的"合力"效能，实现真正的"社会自我"

马克思曾言："如果从观念上来考察，那么一定的意识形态的解体足以使整个时代覆灭。"[①]青年群体的身份，在"有机团结"之前是被形塑、被赋予的，需要按照"机械团结"既定的规则来执行。但"赛博空间"的到来，以及新技术、新媒介的赋权，解除了技术的束缚，使后现代的青年群体具备了个体的自反性。由于对新媒介技术天生的亲近性，处于自反性后现代化阶段的青年自然容易产生一种"对新奇无休止的迷恋"。因此，一方面，要发挥"救赎的神话"功能，防止"家庭原子化"倾向。家庭是社会的细胞，只有细胞健康，才不会引起肌体发病。故而，通过"拯救的神话"——家庭凝聚力上升至"群体认同"，适度强化家庭的利他倾向，防止现代

家庭的生活时空被严重压缩，才能进入"身修而后家齐，家齐而后国治，国治而后天下平"的理想状态。另一方面，要培养青年主动性人格，引导青年"自我完善"。儒家主张："不愤不启，不悱不发。举一隅，不以三隅反，则不复也。"[②]高校要警惕教育中去道德化的趋势，"以物为中心"转向"以人为中心"，实现教育"物性"向"人性"的转移。充分发挥青年群体的主体特性，通过"真实的个人"实现"真实的集体"，从而帮助青年达到"社会自我"的状态。总之，只有家庭与学校通过教育"合力"，形成协同联动效应，在个体性与公共性、"个人的自我"与"社会的自我"之间找到一个完美的平衡点，方能重塑新时代青年群体的"公共精神"。

（三）催化：挖掘隐性价值塑造功能，强化社会"合意基础"

兼顾分权与赋权双重能力，消弭原子化个体的迷失。在原子化的"液态现代世界"里，争夺用户注意力是一切商业活动的底层逻辑，尤其在网络的分权与赋权下，青年主体性自生成能力及价值自辨析能力的弱化更是表现得淋漓尽致。然而，基于业缘或趣缘关系而建构的趣缘群体开始形成，这就给新媒体隐性价值塑造功能的挖掘提供了现实依据。一方面，要化虚为实，利用新媒体的中介化功能填补"赛博空间"与"祛魅世界"的现实鸿沟，同时提升青年的新媒体素养，调适好新媒体"工具理性"与"价值理性"的

① 马克思，恩格斯.马克思恩格斯全集：第四十六卷下［M］.中共中央马克思恩格斯列宁斯大林著作编译局，译.2版.北京：人民出版社，1980：35.

② 钱穆.论语新解［M］.成都：巴蜀书社，1985：161.

矛盾，兼顾分权与赋权双重能力，将其转化为连接"虚化世界"与"现实世界"的桥梁。另一方面，要增强联动，运用新媒体的话语传播功能引发青年群体交互性"涟漪效应"。突破传统的线性传播模式，实现青年群体的交互联动，形成网络化立体传播空间。青年凭借对新媒介与生俱来的亲近感与快速接受度，不仅使其与新工具互为介质，为其带来赋能增权的快感，还能形成具有后现代风貌的亚文化群体，为青年"群体意识"的重构赋值增量。

总之，社会原子化是社会演变与转型过程中的必然产物，是社会低级重组整合状态的终点，也是寻求新的更高级别整合形式的起点。社会原子化视角下，青年群体集体意识的培育，不仅是对当前"社会碎片化"以及由此产生的个体孤寂、权威消泯等境况的积极回应，而且还是对马克思共同体思想的继承和发展。作为担当民族复兴大任的时代新人，只有"在真正的共同体的条件下，各个人在自己的联合中并通过这种联合获得自己的自由"，[①]才是真正的"自由"和"个性"，才能成为新时代的合格公民，为实现"两个一百年"奋斗目标和中国梦而接续奋斗。

作者简介：

闫兴昌，电子科技大学马克思主义学院博士研究生。研究方向：网络思想政治教育，马克思主义中国化。

曹银忠，法学博士，电子科技大学马克思主义学院教授，西南医科大学马克思主义学院特聘教授，博士生导师。研究方向：网络思想政治教育，马克思主义中国化。

---

① 马克思，恩格斯.马克思恩格斯选集：第一卷 [M].中共中央马克思恩格斯列宁斯大林著作编译局，译.3版.北京：人民出版社，2012：119.

"数字茶馆"：参与式媒体的空间实践探析

陈 戈 谢 臻

[摘要] 从现代都市中的茶馆，到如今移动互联网中的虚拟社交空间，空间的转变与叠加、流动与重构，改变了人们进行信息交换的方式、情感表达的呈现以及群体聚合的过程。参与式媒体的出现，极大地扩展了线上社交空间与场域。数字化的新场景重新聚合或分离了数字用户，进一步改变了人们的交流方式与社交空间。本文通过提出"数字茶馆"的概念，探析了参与式媒体的空间实践，同时关注到技术进步带来的巨大改变，以及在人与技术的交互下所形成的新型空间与文化实践。

[关键词] 数字空间；参与式媒体；空间重构

引 言

从传统印刷时代到依托互联网平台的多媒体融合情境，从播放型传播模式（少数制作者将信息传送给众多受众）到集制作者、销售者和消费者于一体的系统新构型，从弥漫着媒介单向性论调的第一媒介时代，到立足于双向去中心化交流的第二媒介时代[①]，媒介技术实现了多次转变与跨越，并不断改变和重塑着传播方式、媒介形态和社会文化。在此背景下，产生了基于文化生产和社会互动现象的具有平等性、社交性、共享性的参与式文化。[②]依托于这种新型的媒介文化形式和传播参与语境而蓬勃发展的媒体称作"参与式媒体"。参与式媒体的兴起，使传统意义上关于受众的观念发生了巨大改变。通过参与媒体信息的生成、收集、分析和传播等环节，人们在媒体中扮演更加积极的角色，并在互动关系中进行内容的创作、接收、参与和消

---

① 波斯特.第二媒介时代［M］.范静哗，译.南京：南京大学出版社，2001.

② JENKINS H.Confronting the challenges of participatory culture: media education for the 21st century［M］.Cambridge, Massachusetts: The MIT Press, 2009.

费。[①]热点话题、爆炸性新闻和公共事件能够通过这类媒体迅速引发讨论，成为人们关注和发表言论的中心。事件真相和用户共识或立场，往往在公共空间的讨论和互动中逐步形成、浮现甚至被"塑造"。基于这种现象，本文重点关注参与式媒体的空间转变和人们在参与式媒体中的行为实践。本文首先对"数字茶馆"的概念进行界定，并对其空间特点进行了系统分析。在此基础上，聚焦人们在线上空间的社交行为，探讨在空间重构下的参与之"变"，以及民众参与公共讨论的话语迭代、方式转变和形态调整。

一、"数字茶馆"意欲何指

在人们的公共生活中，茶馆曾扮演过十分重要的角色，其功能与本雅明笔下巴黎街头的咖啡馆有着异曲同工之妙。不同的是塞纳河左岸的露天小馆是新中产阶级聚集地，而我国城市中的市民茶馆因价格实惠，氛围热闹，能够吸引各阶层人前来。茶馆因此成为市民的"自由世界"，在相对开放的公共空间中，保留了独特的社交属性。实际上，城市中现代茶馆的发展时间并不久远。改革开放后，人们迅速地恢复了公共生活，茶馆逐步成为人们开展丰富多彩的公共生活的重要场域。从某种意义上说，茶馆既是市民休闲娱乐的重要场所，又是社会生活的中心地带。[②]在茶馆中，人们不论年龄、性别、职业、受教育程度，都可以与他人畅聊天地，涉及的话题包罗万象。在茶馆中的讨论并没有固定的话题、观点和议程，只有固定的时间和空间，以及相对固定的人群。但是地理空间在一定程度上限定了参与讨论的人群范围、讨论的话题以及讨论的规模。因此，不同地域的茶馆具有不同地域的风采及文化印记。

随着数字媒体技术的进步，微博、抖音、小红书等具有广泛参与度、紧密互动性和极强实效性的参与式媒体发展迅速。在这些参与式媒体的功能逐渐完善和升级迭代的过程中，打破传统时空限制的同时，也形成了一个巨大的具有更强包容性和广泛互动性的社交空间，在此将其命名为"数字茶馆"。原有的线上空间进行了进一步的整合、升级和迭代。群体的聚集和讨论的展开，不再仅仅以热门话题或兴趣为基础，还受到大数据、技术算法、平台功能等方面的影响。经过在原有形态的基础上不断变化，这种"数字茶馆"成为流动性更强、具有更短时聚集效果的网络虚拟空间。由此，如果说传统线下茶馆的"界限"在于地理空间或共同兴趣，那么如今的"数字茶馆"的"门槛"就在于支撑媒介技术的基础设施、媒体信息的接入速度以及媒介技术的应用程度。

参与式媒体的发展，解构并重构了传统现实空间的功能与情境，过去的物理空间限

① BOWMAN S, WILLIS C.We media: How audiences are shaping the future of news and information［R］.Reston: The Media Center at the American Press Institute, 2003; RHEINGOLD H.Using participatory media and public voice to encourage civic engagement［M］. Cambridge, Massachusetts: The MIT Press, 2008.

② 王笛.公共生活的恢复：改革开放后的成都茶馆、民众和国家［J］.开放时代, 2018, 281（5）: 8, 142-162.

制和话题局限被打破，新的虚拟与现实相结合的空间形式逐步形成。正如马克·波斯特（Mark Poster）所言，新的虚拟社群自发性地形成以后，打破了过去对"真实与虚拟"的二元分化，形成了兼具真实与虚拟文化特征的新文化形式。[①]同时，新的网络社会和媒介技术使人类沟通的各种模式重新整合到一个互动性的网络空间。在此过程中，媒介技术成为空间和时间的中介物，成为"数字茶馆"的重要地基；用户的思维模式、行为方式甚至交流秩序正在实践中被改变。

二、"数字茶馆"的空间重构

在社会科学语境中，空间既不是具体的物理场所，又不是精神空间，而是两种或多种关系交织的场域。根据亨利·列斐伏尔（Henri Lefebvre）对空间的定义，空间主要具备以下几个特征。首先，空间是一种纯粹的形式，一种抽象立体几何意义上的概念。其次，空间是一种功能性的场所。这一角度定义了空间作为承载者的具体功能，空间的布置和谋划是按照功能需求来进行的。[②]在此之上，空间是一种利益关系和意义关系的中介。空间可以抽象为两种关系的相遇，不同的关系在此汇集并完成意义的交流。

与传统茶馆相比，"数字茶馆"呈现出了对现实空间的解构、对虚拟空间的重构。这种新兴的线上讨论空间，彻底颠覆了原有实

体茶馆的呈现和特点，展现出以热门话题或共同兴趣为主的短暂聚集方式，受到大数据推送影响的同时也在不断为其"推波助澜"。在"数字茶馆"中，参与的人数变得更多，讨论的规模逐步增大，传统物理空间和时间上的限制被打破。参与讨论的用户成功地将这一虚拟空间运用于各类不同话题的讨论，正如传统茶馆中不同茶桌讨论着不同的话题。这一线上空间和实体茶馆的区别，是时空界限的跨越所带来的空间的模态变化，以及传统物理时空的消散与转化，原本固定唯一的物理空间转换为可流动、可穿插、可叠加的数字空间。"数字茶馆"因此成为一个个由不同话题构成的场域。某一社会话题的出现，能够迅速形成一个讨论群组，参与讨论的人数会因事件的发展而不断变化。当事件盖棺定论后，原本的讨论空间会迅速地消散，并根据新的热点话题，形成新的交流空间。在这种情况下，空间变得更具流动性和多维度，用户可以身处多个讨论空间，同时扮演不同的角色，秉持着独特的观点。

参与式媒体带来的虚拟空间，打破了传统物理空间的种种限制，重构了线上虚拟空间的众多想象，形成了一种真实与虚拟结合的场域。这个新的场域由多个流动穿插的数字空间所搭载，既是物理场所的模态变革，又是新的精神空间的迭代。

三、"数字茶馆"的空间参与实践

空间作为功能性的场所，具备作为承载者的具体功能。在"数字茶馆"空间的语境中，其所承载的功能显然是社会交流和信息

---

① 波斯特.第二媒介时代［M］.范静哗，译.南京：南京大学出版社，2001.
② 列斐伏尔.空间与政治［M］.李春，译.2版.上海：上海人民出版社，2015.

交换。与传统茶馆不同的是，"数字茶馆"的空间形式使原本空间参与形式中的具身、在地、共时等限制不复存在，形成了一种特有的真实虚拟文化和重新整合沟通系统的互动性网络。在此空间中，视觉、听觉和物理的向度都被重新整合起来，从而彻底改变了沟通的特性，打破了单元化的秩序，重构了新的秩序。[①]原本传统空间中立足于具身参与，同时注重感官互联的沟通秩序，转变成立足于移动设备技术，基于技术互联的线上交流秩序。

在新的空间交流秩序中，一方面，"数字茶馆"承袭了传统茶馆信息交换和社会交际的功能属性，原本在传统茶馆中的闲聊八卦、追忆往事，乃至谈生意、论时局都在"数字茶馆"中有了新的安置之地。由此，"数字茶馆"呈现出传统茶馆空间功能的数字化映射。另一方面，"数字茶馆"的新形式也改变着空间参与者在实践中情感表达的呈现。传统沟通空间中的面对面谈话和感官互联都被技术"重新包装"，点赞、转发、表情包等新的技术功能成为数字媒体时代独特的表达方式，符码化的情感表达成为新的中介，以字符代码为最终呈现，以手指滑动进行发表。因此，立足于数字技术的发展，"数字茶馆"正在以新的空间参与模式为加速器，彻底变革传统的参与实践，展现属于自身的数字原生魅力。

"数字茶馆"虚拟空间中的实践并没有将网络空间视为其影响力的边界。当人们身处传统茶馆，谈论的话题从茶馆之外来，相关的讨论也会带到茶馆之外去。"数字茶馆"中的社交秩序和参与实践虽立足于虚拟空间，但也受到现实社会和秩序的种种影响。同时，在"数字茶馆"中形成的新的交流方式或文化实践，也会反过来作用于现实空间，并与其相互融合，从而进一步展现真实虚拟文化和虚实相生的空间生态。因此，无实体的"数字茶馆"空间对传统空间概念进行彻底颠覆的同时，也在重构着空间作为功能性场所的呈现和相关的参与实践，并进一步贡献给虚实相生的空间系统。

四、"数字茶馆"语境中的空间生产

空间的转变与技术的迭代存在着"勾连共谋"的现象。空间转变的玄妙之处在于与技术结合进行重构时引发出的巨大想象空间，这对社会文化、经济价值和沟通方式产生了巨大影响。"数字茶馆"的形成产生了巨大的张力，当某一事件引发了多区域、全国乃至全球的讨论时，能够实现政治、文化、经济等价值讨论的最大化。"数字茶馆"勾连起虚拟空间与现实空间，带动虚拟空间与现实空间的连接，最终完成信息内容的线上生产与实地再生产。列斐伏尔认为，在资本统治下的每一个空间都有可能变成再生产的空间。[②]这个生产的空间无论在车间、工厂抑或我们现在所探讨的参与式媒体等任何地点，都可能因为资本的谋划从地点变成空间。"数字茶馆"的形成，把人们关注的话题建构成一个个相互连接的空间，从而形成一个巨大的社

① 卡斯特.网络社会的崛起［M］.夏铸九，等译.2版.北京：社会科学文献出版社，2003.

② 列斐伏尔.空间与政治［M］.李春，译.2版.上海：上海人民出版社，2015.

交场域。讨论看似没有边际，事实上通过平台流量、算法推演、置顶推荐等方式，一步一步地告诉了人们"想什么与怎么想"。基于传统议程设置和属性议程设置，提出的网络议程设置也印证了这一点。媒体关注和呈现的信息最终能够影响用户思维。[①]另外，在媒介技术推动大数据发展的语境中，作为"流量"的用户群体和他们的"数码痕迹"，都成了可交换利用的资本资源，并在媒体集团化和技术发展的背景下呈现出更具利用性的价值。用户的数据、流量作为参与式媒体语境下的新型"资本"和"数字茶馆"空间中的新型"生产资料"，在消费主义泛滥的背景下，以及数码"监控"无处不在的网络空间，进一步为经济生产提供典例。

换言之，网络空间的呈现在重构着人们的思考方式和参与实践的同时，也在影响着文化的沉浸形式。需要注意的是，尽管"数字茶馆"能够呈现参与式媒体的特性，但是参与式媒体所重构的空间、逻辑的转变、算法的生成等常常在技术的隐喻中被遮蔽起来。因此，在"数字茶馆"空间中进行着的新形态的经济、文化意义上的再生产变得更加隐匿。

五、技术视角下的"数字茶馆"

着眼于历史的长河，对技术的思辨及其相关哲学思考从未停止。从文艺复兴时期到如今的时代，从弗朗西斯·培根到人文技术哲学一派，尽管大部分讨论中都存在相关视角的局限性，但关于技术的哲思不断更新，并带来思辨价值。这里将技术哲思和"数字茶馆"一起讨论，并非希望以"数字茶馆"的新场景来佐证某种对技术的看法或立场的正确与否，而是希望通过更多元的视角去看待和讨论这种用户的主观能动性与技术嬗变所交融的空间呈现与实践，以及其对于技术哲学思考的更多启发。

对比传统茶馆，新媒体技术的推动使"茶馆"的数字化实践更加丰富，"数字茶馆"的表征和角色在评论区、讨论组、群聊等不同情境中被重新定义和呈现。"数字茶馆"的空间概念在不断进行解构和重构的同时，其文化意涵也在新技术搭建的新场景中转变其形式与实践。在这个过程中，作为链接载体的技术，比如取代面对面交谈的键盘输入和语音发送，弹出的对话框，评论的发送键，按下的点赞按钮等，成了进入"数字茶馆"这一虚拟空间的重要按钮。正如唐·伊德（Don Ihde）所言，技术的生活形式是文化的组成部分，就像人的文化不可避免地蕴涵技术一样。[②]新型的线上茶馆文化和场景空间的形成，进一步呈现了技术、文化和空间之间的互动关系，并在一体化视角中相互交融、共同进退。接续伊德的观点，"数字茶馆"的空间实践可以被看作新兴媒介技术嵌入生活方式的呈现结果，同时信息发送者与接收者之间的二元关系被人与技术的链接所解构，而原本由距离、边界和参与形式所决定的空间秩序也在被符码与技术载体重构。换言之，

① VU H T, GUO L, MCCOMBS M.Exploring "the world outside and the pictures in our heads": a network agenda-setting study [J].Journalism & mass communication quarterly, 2014, 91 (4): 669-686.

② 伊德.技术与生活世界：从伊甸园到尘世 [M].韩连庆，译.北京：北京大学出版社，2012.

人与技术之间的关系不但改变着老生常谈的媒体建制和传播格局，也在推动着技术、文化与空间的交融共生。诸如身体、时间、空间、身份、现实之类的概念都在新的思维框架中被重新定义，这归因于新技术和新媒体的影响。[①]新媒体技术在打破原本的大众传播秩序，瓦解旧的媒介形态甚至传统的信息社会的同时，也在推动着新的传播文化和社交空间的呈现，而人的主观能动性与技术发展的兼容和碰撞则带来新的秩序建立和新空间、新场景的实践。在此过程中，技术不仅是被制造和使用的客体或物件，而且是一种制造、使用和实践的过程；无论是技术本身的实践，还是其与人、文化、社会空间的互嵌，都在提醒我们与技术在共建和共享着一种基于媒介技术实践及其影响的"空间"。技术既是接入这个空间的"虫洞"，又是承载空间的"桥体"，既是新的空间割裂感的"培养皿"，又是真实与虚拟的融合场景的"孵化箱"。

结　语

正如贝尔纳·斯蒂格勒（Bernard Stiegler）所说，"技术就是人"，从原始人开始，人都在技术化的生存。[②]技术和人的关系中最重要的是"转化"，技术会"转化"人类的经验。

在实体茶馆中的参与和在"数字茶馆"中的实践是完全不一样的体验，原本传统茶馆中的参与在技术的推动下呈现出新的经验实践。将参与式媒体隐喻为"数字茶馆"，实际上是为了更好地理解数字化生活和数字技术带来的改变。数字化时代，媒介技术成为一个"座架"，从人类的日常生活、社会结构到文化实践和空间再构，全部都架构在媒介技术之上，并融合在媒介技术之中。秩序、位置、流动和参与都被媒介转换、介入或重新摆放。人们的生活和媒介形成了一种交融影响、相互作用的新模态。马丁·海德格尔（Martin Heidegger）曾说，人来到这个世界，是被"抛"到这个世界，人们总是不能超出或者回避自身的被抛境况，人既然到这里了，就要赋予生命意义。[③]如今，人们似乎被抛到一个数字媒体时代。人们只有尝试脱离原有范式，并将自身经验与所处情境相融合，以更加平等的视角看待技术及其实践对媒介形态和传播实践的影响，才更可能为数字媒体时代和基于数字技术的社会变革赋予新的意义。

作者简介：

陈戈，澳门科技大学2020级传播学博士研究生。研究方向为网络社会与参与式媒体。

谢臻，澳门科技大学2020级传播学博士研究生。研究方向为国家形象跨文化传播。

① MOCAN R.Digital technology and the new arts from the philosophy of technology perspective [J].Ekphrasis-images cinema theory media，2018，19（1）：97-111.

② 斯蒂格勒.技术与时间1：爱比米修斯的过失[M].裴程，译.南京：译林出版社，2012.

③ 海德格尔.存在与时间：修订译本[M].陈嘉映，王庆节，译.4版.北京：生活·读书·新知三联书店，2012.

数字社区发展困境及对策研究
——基于社区工作人员数字素养视角

祖里亚尔·阿不来提

[摘要] 随着数字技术的高速发展和数字化应用的不断深入，数字化对全球的社会、政治、经济产生了重大影响。中国政府顺应时代的发展，积极践行数字中国战略，大力推进新时代的数字化建设任务，推动数字中国上升到新的高度。数字社区不仅是老百姓领略和体验数字化生活的重要载体，也是数字中国建设的重要一环，因此其建设意义愈加重要。社区工作者的数字素养的高低影响着数字社区的发展。他们在工作中陷入的困境表现为：第一，数字化认知和数字化意识欠缺；第二，数字信息能力不足；第三，数据安全意识不强。针对这些困境，本文提出了相应的解决方法：第一，营造数字化氛围，强化数字化意识；第二，加强数据安全教育，确保数据安全；第三，建立数字素养考核机制，有效加强社区工作者的数字素养。

[关键词] 数字中国；数字政府；数字社区；数字素养；社区工作者

引　言

随着数字技术的高速发展和数字化应用的不断深入，数字化对全球的社会、政治、经济产生了重大影响。全球数字经济规模不断扩大，数字政务、数字社区等众多数字领域呈现出蓬勃发展的态势。在这个历史性的新发展阶段，中国政府积极践行数字中国战略，大力推进新时代的数字化建设任务，推动数字中国上升到新的高度。为了确保数字中国建设工作的高效性和有效性，中共中央、国务院联合发布了《数字中国建设整体布局规划》，从顶层设计对数字中国建设进行了全面规划。无论从"十四五"规划还是从《数字中国建设整体布局规划》的内容中，都能看出国家高度重视数字化对社会的全方位赋能。数字化技术将逐渐颠覆各行各业，产生新理念、新模式、新形态等变革。这将深刻影响人与人、人与物、人与社会等人类社会的基本关系，从而引发质的变革。

社区作为人们进行日常生活的基层单位，承载着服务人民和引导人民等重要职责，同时也是人们获取信息、行使权利义务的重要场所。第51次《中国互联网络发展状况统计报告》显示，截至2022年12月，我国网民规模已达10.67亿[1]。由于社区工作的重要性，网民规模逐年增加，数字社区作为老百姓领略和体验数字化生活的重要载体，其建设意义愈加重要。数字社区的好坏程度直接影响着政府的工作效率和人民的幸福感。

数字社区的内涵可分为主观和客观两部分。其中，作为主观部分的社区工作者扮演着至关重要的角色，因为他们能够最大化地利用数字化技术，确保数字社区工作高效运行。数字社区工作的质量取决于社区工作者的数字素养水平。拥有高水平数字素养的社区工作者不仅能提高数字社区工作效率，还能赢得民众对社区的信任。然而，在数字化转型推进过程中，各种主客观因素和不可抗因素等，使社区工作者的数字素养水平与数字社区的能力要求并不匹配，导致数字社区工作不符合预期。因此，提升社区工作者的数字素养水平势在必行，以确保数字社区工作符合预期目标，方便民众生活，为数字中国建设贡献力量。

一、数字社区研究现状

（一）数字社区

受数字化技术的深刻影响，数字社区这一概念的内涵得以扩展。其范畴可以分为狭义和广义两个方面。狭义的数字社区指的是在智慧城市中对传统意义上的社区进行数字化改造；广义的数字社区则以新一代信息技术为基础，以海量数据为流通要素，以先进的数字化交互手段为主要表现形式，通过打造高互动的数字生活场景，建立人与人、人与物、人与社会之间的信任连接，实现线上线下高效融合的新型互联网社区。[2]数字社区这一新型社区治理模式正逐渐成为老百姓体验数字生活的第一步，深度融合了数字技术与社区工作，提升了社区公共服务能力，为老百姓的生活提供了更好的保障和更有效的诉求回应。

当前国内数字化转型工作处于高涨趋势。在顶层设计层面，国家出台了一系列政策来指导和促进数字社区的建设。《中华人民共和国国民经济和社会发展第十四个五年规划和2035年远景目标纲要》第五篇的第十六章和第十七章，从数字社会和数字政务两个范畴为数字社区建设提出了相关建议、作出相关指示[3]。《关于深入推进智慧社区建设的意见》

① 中国互联网络信息中心.第51次中国互联网络发展状况统计报告［R/OL］.（2023-03-02）. https://www.cnnic.net.cn/NMediaFile/2023/0322/MAIN16794576367190GBA2HA1KQ.pdf.

② 中国信息通信研究院知识产权与创新发展中心.数字社区研究报告：2022年［R/OL］.（2022-12-30）［2023-03-29］. http://www.caict.ac.cn/kxyj/qwfb/ztbg/202212/P020221230458667851480.pdf.

③ 新华社.中华人民共和国国民经济和社会发展第十四个五年规划和2035年远景目标纲要［EB/OL］.（2021-03-13）［2023-04-01］. http://www.gov.cn/xinwen/2021-03/13/content_5592681.htm.

（以下简称《意见》）①是2022年民政部、中央政法委、网信办等9个部门发布的整体性和全面性指导文件，旨在指导如何建设智慧社区，并帮助各单位提供数字社区建设过程中遇到的问题的解决方案。尽管《意见》中提到的是智慧社区，但它依赖数字技术来管理社区，因此，此处的智慧社区大体上等同于数字社区。社区治理工作是政务工作的一部分，同样依靠数字化技术转型的社区治理工作必然属于数字政务的一部分。2023年2月27日，中共中央、国务院印发的《数字中国建设整体布局规划》（以下简称《规划》）指出，要发展高效协同的数字政务，加速制度规则的创新以适应数字政务的发展，加强数字基础设施建设实现信息系统互联互通、数据共享和业务协同，提升数字化服务水平，推进"一件事一次办"，推动线上线下融合，规范政务移动应用程序管理②。《规划》深刻阐释了建设数字政务和数字社区的关键点，从制度、基础建设和服务水平等方面进行了全面布局。

在学术界和业界，许多学者通过对政策和实证例子的研究提出了自己对数字社区建设的独特见解。杜娟、钟昕怡、唐有财在《数字技术赋能社区治理的现实问题及对策探析》

中研究了数字化技术在社区治理中赋能的困境及破解路径。他们认为，数字化技术嵌入社区治理的底层逻辑存在偏差，数字化技术未能实现真正意义上的赋能，甚至在某些方面出现了"负能"的问题。为了实现真正的赋能，必须实现数据的开放和共享，发挥技术整合资源的真正价值，坚持以人为本的原则，提高居民治理的主体地位，清晰定位政府部门的角色，加强政府部门的兜底和保障作用，激活多元治理要素，提高协同治理的层次和效能。③

杨秀勇、朱鑫磊、曹现强在《数字治理驱动居民社区参与：作用效果及限度——基于"全国社区治理和服务创新实验区"的实证研究》中实证研究了数字化技术、数字社区激励居民参与社会治理的效果及存在的困难。他们基于数字治理理论和相关文献的分析，建立了一个包括11个观测变量和24个衡量指标的测量体系，并研究了14个典型案例。④研究发现，数字治理在社区参与的场域重塑、流程再造、重新组织和技术赋能等方面发挥了重要作用。然而，数字治理在驱动居民参与社区过程中有一定的限制。数字治理功能的"收缩"导致内容生产变得行政化，技术的社区分化造成内容生产与需求分离，数据指标硬化和治理内耗导致治理效果内卷化，数字治理风险外溢造成信息安全监管和治理风险。

---

① 民政部,中央政法委,网信办,等.九部门印发《关于深入推进智慧社区建设的意见》的通知［EB/OL］.（2022-05-10）［2023-04-02］. http://www.gov.cn/zhengce/zhengceku/2022-05/21/content_5691593.htm.

② 新华社.中共中央 国务院印发《数字中国建设整体布局规划》［EB/OL］.（2023-02-27）［2023-04-02］. http://www.gov.cn/xinwen/2023-02-27/content_5743484.htm.

③ 杜娟,钟昕怡,唐有财.数字技术赋能社区治理的现实问题及对策探析［J］.领导科学,2023（2）:112-116.

④ 杨秀勇,朱鑫磊,曹现强.数字治理驱动居民社区参与：作用效果及限度——基于"全国社区治理和服务创新实验区"的实证研究［J］.电子政务,2023（2）:72-82.

因此，社区需要改变对数字治理工具过度追求的态度，超越过度行政化和技术化的价值取向，防范信息安全风险，建构数字治理的社会性，使数字治理从科层化、碎片化向社会化和整体性方向发展。

针对数字化技术如何推动社区治理这一核心问题，赵欣构建了"目标—机制"整合分析框架，并引入了数据流转的时空维度作为分析场域，以探讨数字技术与社区治理的相互作用关系。[①]通过数字技术与社区治理体系的深度耦合，社区协同管理、风险预测预警和精准社区服务等新机制得以出现，数字技术与社区治理在新目标和新机制的"共同生产"中增强了社区治理制度的创新能力，使数字技术驱动社区治理得以实现。

梁盛书则从数字治理的视角出发，分析了智慧社区建设存在的问题及解决路径。他认为，智慧社区建设的主要问题包括数据共享的困难性、无效数字化转型可能带来的数字治理低效能以及在使用数字技术时存在的网络安全隐患。针对这些问题，他提出了解决方案：建立信息子平台，以助力信息保持和管理；建设综合服务平台，以助力信息增值和转化；建立云平台，以助力信息安全和稳定。同时，他提出了智慧社区数字治理框架及建设路径，基于数字治理理论将智慧社区建设过程分为保持环节和增值环节，围绕社区治理的三个主体（居民、政府和企业）构建智慧社区数字治理框架，并提出了增强治理主体的数字治理意识、全面嵌入数字治理

技术以及培养数字治理专业人才队伍等具体建设路径。[②]

（二）数字素养

从信息时代到现在的数字时代，数字素养的内涵发生了很多变化。1997年，Paul Gilster在其著作《数字素养》中将数字素养定义为个人通过数字技术认识和理解计算机呈现出的各种信息，并且能流畅使用数字技术的能力。[③]随后，以色列学者Yoram Eshet-Alkalai根据多年研究和工作经验，在分析了相关文献并开展试点研究之后，提出了数字素养概念的五个框架：图片—图像素养、再创造素养、分支素养、信息素养、社会—情感素养。[④]如今，各个国家都有自己的数字素养框架。在国际社会和学术上得到广泛认可的是欧盟在2013年制定的数字素养框架Dig Comp。2017年，欧盟推出了最新的数字素养框架Dig Comp 2.1，其提出的数字素养包括信息域、交流域、内容创建域、安全意识域、问题解决域。

关于数字素养的重要性和培养受到国家政府和国内学者的广泛关注。中央网信办等部门联合印发的《2022年提升全民数字素养与技能工作要点》，对数字素养的定义进行了阐释，"数字素养是数字社会公民学习工作

① 赵欣.数字技术驱动社区治理的转型研究［J］.地方治理研究，2022（4）：26-36，78.

② 梁盛书.数字治理视角下城市智慧社区建设研究［J］.中国建材，2022（9）：137-140.

③ GILSTER P.Digital literacy［M］.New York：Wiley，1997.

④ ESHET-ALKALAI Y.Digital literacy：a conceptual framework for survival skills in the digital era［J］.Journal of educational multimedia and hypermedia，2004，13（1）：93-106.

生活应具备的数字获取、制作、使用、评价、交互、分享、创新、安全保障、伦理道德等一系列素质与能力的集合"。①

通过对国家政府层面的指导方针政策和学界、业界的研究进行分析，我们可以发现，国家政府部门出台的一系列指导方针更加注重宏观层面，并给予实践部门指导性建议。这些指导方针政策从数据的共建共享到机制制度的建立健全，再到人才支撑等方面，有一整套内在逻辑支撑着社区治理的数字化转型。尽管这些指导方针政策都提及数字领域人才培养，但缺乏针对数字社区的主要工作人员——社区工作者的相关政策和指导。国内学者专家的研究报告主要从数字社区的技术层面和建设层面出发提出问题、给予解决方案，很少提及社区工作者在数字化转型中遇到的困难及解决方法，即使有提及，也只是大体解释数字人才的重要性、培养数字人才的方法，并未就如何提升社区工作者数字素养和推进数字社区建设提出针对性的建议。

数字社区的建设不仅依靠数字技术，还需要社区工作者的引导。数字技术只是其中的一个客观因素，如果没有主观部分的引导，数字技术是无法发挥其功效的。社区工作者是数字社区建设的重要组成部分，只有他们的数字素养得到提升，数字技术才能够发挥最大的效用，数字社区的工作效率才会大大提高。因此，提升社区工作者的数字素养和能力，是数字化赋能社区治理的重要途径。《提升全民数字素养与技能行动纲要》明确提

出要加强社区工作者队伍建设，提升其运用数字化方式开展社区治理的能力。

综上所述，虽然数字社区的建设飞速发展，但社区工作者在数字化转型中仍会遇到许多问题。如何解决这些问题、如何提升社区工作者的数字技术和数字素养，以推进数字社区的建设，是一个值得深入思考的议题。因此，本文从社区工作者的数字素养角度出发，结合相关研究报告，探讨数字社区的社区工作者在数字素养方面存在的问题，并提出解决方案，以此助力数字社区的建设工作。

二、社区工作者在数字素养方面存在的问题

（一）数字化认知和数字化意识欠缺

数字化认知和数字化意识是指个人对数字化相关内容的认识和了解，并且能够运用数字化思维高效率地处理好各类事务。因此，要想应用好数字化技术，更好地开展数字化工作、真正地落实数字社区建设，社区工作者首先要对数字化技术相关的概念（大数据、云计算、办公软件等）有充分的认知；其次在对数字化技术认知的基础上转变传统的工作思维，用数字化思维来处理工作；最后学会各类数字化技术，能自行开展数字化工作。根据张乃仁的研究，截至2020年1月，社区工作者的平均年龄为41.07周岁。②考虑到人口老龄化的因素，目前，社区工作者的平均年龄必然会有所增长。大部分社区工作人员

① 提升全民数字素养与技能行动纲要［EB/OL］.（2021-11-05）［2023-04-08］. http://www.cac.gov.cn/2021-11/05/c_1637708867754305.htm.

② 张乃仁.城市社区工作者队伍的发展现状、评价与提升［J］.南都学坛，2022，42（3）：75-84.

年纪偏大，对数字化技术的认知不足，这容易导致他们的工作模式和工作思维不容易进行数字化转型，很难适应数字化工作，不能自如地使用数字化技术，更有效地开展数字化工作。这是普遍存在的一种现象。

（二）数字信息能力不足

数字信息能力是指处理和管理信息的能力，包括信息获取、评估、使用和分享等方面的能力。社区工作者需要具备较高的数字信息能力，才能在数字社区工作中处理大量的信息。但是在现实工作环境中，社区工作者存在数字信息能力不足的情况，具体表现为以下三个方面：首先是不了解信息获取的渠道和方法，直接影响工作效率，错过一些重要的信息；其次是无法对信息进行评估和筛选，容易被虚假信息误导；最后是不知道如何使用信息，即使获取了信息，也无法发挥其作用。年轻的社区工作者可以处理一些简单易操作的信息工作，但是面对代码式的信息工作，他们也可能会遇到困难。对于年纪偏大的社区工作者来说，无论是简单的还是较难的信息工作都会对他们造成困扰，从而降低工作效率，导致工作进度变慢，甚至引起民众不满。

（三）数据安全意识不强

数据安全意识是指社区工作者在数字化工作中合法、安全地处理各类信息数据，在工作内外都能保障数据的安全性，避免数据泄露。当前，国家高度重视数据安全，习近平总书记在主持召开中央全面深化改革委员会第二十六次会议时明确强调，数据基础制度建设事关国家发展和安全大局，要维护国家数据安全，保护个人信息和商业秘密，促进数据高效流通使用、赋能实体经济，统筹推进数据产权、流通交易、收益分配、安全治理，加快构建数据基础制度体系。在2023年召开的全国两会上，国务院提出了组建国家数据局。我们从习近平总书记的讲话和国家政府的举措中可以看出数据安全的重要性。数字化技术包含的互联网和信息数据具有安全性和特殊性因素，因此在使用互联网和信息数据时可能存在一定的不安全因素。如果社区工作者不能充分了解网络、数据、隐私的法律规范，就易出现数据或隐私泄露，这会对国家安全和社会治安造成巨大危害。因此，在数字社区工作中，社区工作者必须始终坚持数据安全原则，保障数字社区工作稳步推进。但是，当前社区工作者可能欠缺数据安全意识。数据是一个抽象的概念，不是实体，因此，社区工作者很难意识到数据安全、数据保护的重要性。这可能导致信息数据暴露在不安全的环境中，并容易被窃取。

三、社区工作者数字素养提升路径

（一）营造数字化氛围，强化数字化意识

根据"认知—态度—行为"理论逻辑，首先，认知是指人类通过感知、思考等过程获取信息和认识外部世界的能力。其次，态度是人们基于自己的价值观和道德观形成的心理倾向和偏好。最后，行为是基于认知和态

度而做出的行动或反应。因此，想要加强社区工作者的数字化意识和数字化认知，可以通过系统性、针对性的培训营造数字化氛围，让社区工作者时刻沉浸在数字化环境中，以此加强他们对数字化的认知和态度，然后通过他们的认知和态度带动行为，让他们的数字素养得到真正的提升。社区通过建立数字化文化理论培训体系，组织数字化课程、研讨会、工作坊等活动，帮助社区工作者加强自身的数字化认知和数字化意识。同时，社区工作者可以自发地阅读与数字化相关的书、文章等，学习数字化思维，使传统的工作思维转变为数字化思维；利用数字化平台和工具，如社交媒体、数字化营销工具、数字化社群等，了解最新的数字化趋势和工具，强化数字化意识和认知。

（二）加强数据安全教育，确保数据安全

如上所说，数据是一个很抽象的概念，不是一个摆在眼前的实体，在日常工作中很不起眼，很难引起社区工作者的注意，导致社区工作者不怎么重视数据安全。如果社区工作者的数据安全意识不强，可能会导致信息泄露、数据丢失等问题，严重影响社区工作的安全和公众对社区的信任。加强自身数据安全意识，确保数据安全，不仅是对工作的认真态度，也是公众对社区建立信任的关键因素。学习数据安全知识是保证数据安全的第一步。社区工作者只有明白数据安全的重要性，牢牢守住数据安全这根红线，才能保证数据安全。对此，首先，社区工作者应

该学习数据安全的基本知识，例如数据备份、数据加密、数据防火墙等，了解数据安全的重要性和保护措施；其次，社区工作者应该加强对密码的管理，例如使用密码管理工具、定期更换密码、使用强密码等，避免密码泄露和被盗；最后，社区工作者应该定期备份数据，避免数据丢失和信息泄露。

（三）建立数字素养考核机制，有效提升社区工作者的数字素养

数字素养考核机制是指对社区工作者的数字素养进行评估和考核，以促进其数字素养的提升。在数字社区工作中，考核机制对提高社区工作者的数字素养具有重要作用，好的考核机制不仅对社区工作者个人的数字素养提高有帮助，而且对数字社区整体的工作极其有利。数字素养考核内容应该与实际工作紧密结合，注重实际应用能力的考核。具体考核内容可以包括以下几个方面。一是基础知识。考核社区工作者对数字工具和数字技术基础知识的掌握情况，如操作系统、办公软件、网络安全等。二是数字思维。考核社区工作者的数字思维能力，如信息搜索、信息筛选、信息评价等。三是实践能力。考核社区工作者在实际工作中运用数字工具和数字技术的能力，如社交媒体运营、网络安全维护、数字营销策划等。四是创新能力。考核社区工作者的创新能力，包括对数字工具和数字技术的创新应用，以及对数字社区工作的创新思维等。数字素养考核方式应该多样化，以充分考察社区工作者的数字素养水平。具体考核方式可以包括以下几个方面：

一是通过理论考试考核社区工作者的数字基础知识和数字思维能力；二是通过实践考核社区工作者的实践能力和创新能力，如制定数字营销策划方案等；三是通过绩效评估考核社区工作者的实际工作表现，如社交媒体运营效果、数字营销成果等；四是通过互评考核促进社区工作者之间的交流和学习，有效提升数字素养。

结　语

正如尼古拉·尼葛洛庞帝（Nicholas Negroponte）在其著作《数字化生存》中预言的一样，人民的生活逐渐被数字化技术变革，社会结构被数字化技术重构，传统的线下物质生产方式式微，线上的数字化物质生产方式逐步占据上风，传统的实体生产资料不再是唯一，数据成为数字化时代最有价值的生产资料；物质生产关系被颠覆，人与物的关系、人与人的关系、人与社会的关系发生了结构性变化，现实中的物质生产关系演变为虚拟的物质生产关系，线上的数字生活活动不仅能代替许多线下的传统生活活动，还能创造更多传统生活不存在的新内容。[①]国家对数字化的发展高瞻远瞩，在顶层设计层面出台了一系列有利于数字化发展的政策，切实有效加强数字中国建设能力，以此真正落实数字化对生活方方面面的变革，促进国家数字化话语体系建设、提高国家数字化话语权、造福人民数字化生活。数字社区作为数字中国建设的重要组成部分，带来的不仅仅是数字化的幸福生活，更是人民对国家的信任和全世界对中国的刮目相看。但是，在数字社区建设工作中，社区工作者的数字素养偏低，使数字社区工作无法有效开展，间接影响了数字中国的建设。只有从顶层指导社区工作者的数字素养理论、数字意识，以理论带动实践，用实践验证理论，才能切实提升社区工作者的数字素养。社区工作者数字素养的提升不仅能使数字社区工作有效开展，而且能助力数字中国的建设，使数字中国成为世界数字化建设中的一颗耀眼夺目的恒星。

① 尼葛洛庞帝.数字化生存［M］.胡泳，范海燕，译.海口：海南出版社，1997.

作者简介：

祖里亚尔·阿不来提，北京联合大学应用文理学院新闻与传播2022级研究生。

征稿启事

《网络素养研究》的创办宗旨是为广大网络素养研究者、爱好者等提供一个专业开放的平台，刊发网络素养研究领域最新的科研成果、业界动态、政策解读等，以及对网络素养教育教学有指导作用且与网络素养教育教学密切结合的基础理论研究；贯彻党和国家、有关部门网络法规、方针政策，反映我国网络素养研究、教育教学的重大进展，促进学术交流。

为了探索网络素养理论的进一步发展，搭建一个特色鲜明、高端前沿的理论成果发布平台，北京联合大学应用文理学院与中国国际广播出版社合作，从2021年开始推出《网络素养研究》，编辑部设于北京联合大学网络素养教育研究中心。

本刊一般设以下几个栏目：（1）未成年人网络保护专业委员会专栏——面向中国网络社会组织联合会未成年人网络保护专业委员会成员单位发表相关文章。（2）网络素养主题研究——面向网络素养领域的重大命题，立足宏观，深入探讨。（3）网络素养专题研究——面向未成年人、大学生、银发群体、领导干部等群体的网络素养，分享经验，推动发展。（4）网络舆情与受众行为研究——面向网络舆论的引导领域，聚焦案例，学理分析。（5）时代前沿——面向网络素养发展前沿动态，交叉融通，探索前沿。（6）行业透视——面向网络行业运行中的热点话题，提炼新知，注重创新。

诚挚邀请网络素养研究领域专家和从业者赐稿。稿件篇幅以5000字以上为宜，且未在其他刊物发表过，不存在版权纠纷。稿件不收取任何版面费，一经采用，稿酬从优。

稿件应符合学术规范，结构严谨，论点明确，数据真实，并附150—300字的摘要，列出3—6个关键词。

稿件请发送至电子邮箱：wangluosuyang@163.com。

联系人：杜怡瑶，葛鑫雨，盛紫薇。